AF357352

RECHERCHES PRATIQUES ET EXPÉRIMENTALES

SUR

L'AGRONOMIE

Paris. — Imprimerie de L. MARTINET, rue Mignon, 2.

RECHERCHES

PRATIQUES ET EXPÉRIMENTALES

SUR

L'AGRONOMIE

PAR

J. REISET

CORRESPONDANT DE L'INSTITUT DE FRANCE.

Avec six planches.

—◉—

PARIS

J.-B. BAILLIÈRE ET FILS

LIBRAIRES DE L'ACADÉMIE IMPÉRIALE DE MÉDECINE

Rue Hautefeuille, 19.

Londres	**New-York**
Hippolyte Baillière. 219. Regent street	Baillière brothers, 440, Broadway

MADRID, C. BAILLY-BAILLIÈRE, PLAZA DEL PRINCIPE ALFONSO, 16.

1863

INTRODUCTION

L'agriculture a fait certainement d'importants
progrès dans ces dernières années. Les bienfaits
et les charmes de la vie rurale ont été racontés
par des hommes de talent dans des livres qui ont
trouvé de nombreux lecteurs, et inspiré peut-être
quelques vocations agricoles. Les concours ré-
gionaux, les primes d'honneur, les comices agricoles, les sociétés d'agriculture, ont donné, dans
les départements, une vive impulsion aux branches
si diverses et si variées de l'économie rurale, et
toutes ces institutions, ayant le même mobile et
poursuivant par des moyens différents le même
but, ont amené d'heureux résultats. Il semble que,
sous ce rapport, on ait épuisé toutes les combi-
naisons que pouvait inspirer l'importance capitale
qui s'attache, à si juste titre, aux améliorations
agricoles, et qu'en fait d'encouragements donnés
par l'État ou par des associations privées, il ne
soit plus possible d'innover.

L'avenir de l'agriculture paraît être tout entier

aujourd'hui dans les observations recueillies chez les cultivateurs eux-mêmes, et dans les enseignements que donne la pratique agricole de chaque jour. Malheureusement, rien n'est plus difficile que de mettre en relief les procédés suivis dans la culture du sol, d'indiquer leur raison d'être, et d'exposer, dans leurs détails l'organisation méthodique des exploitations rurales, comme il serait facile de le faire pour une exploitation industrielle quelconque.

Les agronomes ont fait ressortir quelques traits généraux; mais, dans la même commune, sur le même sol et dans des conditions identiques, nous voyons souvent suivre des procédés opposés, et cependant réussir parfois par des moyens contraires. Le caractère général du plus grand nombre des cultivateurs est d'ailleurs de ne se rendre aucun compte du mécanisme de leurs travaux, et de vivre tant bien que mal sur le sol qu'ils exploitent, en poursuivant un bénéfice qu'ils n'atteignent pas toujours; mais, soit qu'ils l'obtiennent, soit qu'il leur échappe, ils ne savent pas la plupart du temps apprécier la véritable cause de leur gain ou de leur perte.

L'agriculture est cependant une science d'observations comme toutes les autres, et si la comptabilité exacte, dont l'industriel suit scrupuleusement toutes les règles, était connue et pratiquée par les cultivateurs, des conséquences remarquables finiraient assurément par ressortir de l'ensemble de faits rigoureusement constatés et contrôlés.

Telle a été ma pensée, lorsqu'en 1850, à un moment où l'agriculture était loin d'avoir reçu l'impulsion qui lui a été donnée depuis lors, je pris en main l'exploitation d'une grande partie des terres qui m'appartenaient et qui avaient été jusqu'alors affermées : j'y étais préparé par la direction de mes études. J'avais consacré mon temps jusqu'à cette époque à des travaux de chimie et à des expériences qui avaient été l'objet de différentes publications. J'avais d'ailleurs eu toujours le désir de mener de front mes recherches scientifiques avec une pratique agricole importante qui pût me permettre de recueillir des résultats de quelque valeur.

Sous l'empire de cette idée, j'ai installé mon laboratoire au milieu de ma ferme. Depuis cette époque, j'ai poursuivi sans relâche l'œuvre parfois si ingrate d'une exploitation rurale étendue, dont la première règle doit être d'atteindre ce bénéfice net et ce profit final sans lequel le travail du propriétaire cultivant par lui-même n'est plus qu'une source d'honorables distractions ou une forme nouvelle d'un luxe coûteux.

La ferme dont je me réservais l'exploitation à partir du mois d'octobre 1850 comprenait une surface de 80 hectares; j'y ai ajouté depuis lors 20 hectares de terres nouvelles conquises sur des bois défrichés, et qui m'ont donné des récoltes admirables, particulièrement pendant les premières années qui ont suivi leur mise en culture. Le sol tout entier de la ferme forme un vaste plateau composé de terres d'assez bonne qualité, sans être tout à fait cependant du premier ordre. Ma ferme étant située à 10 kilomètres de Dieppe, dans un pays riche et peuplé, je ne devais pas manquer de débouchés; et j'étais dans toutes les conditions voulues pour me livrer à ce que les agronomes ont appelé la culture *intensive*, c'est-à-dire un système d'exploitation qui consiste à ne jamais laisser reposer le sol, et à élever chaque pièce de terre à son maximum de fécondité par des sacrifices d'argent et par des façons coûteuses qui exigent une première mise de fonds importante.

Sous ce rapport, il est certain qu'en agriculture comme en industrie, le capital engagé joue un rôle considérable, et la plus grande faute que commettent habituellement les cultivateurs des terres riches et fertiles, c'est assurément d'embrasser une culture trop étendue pour le capital dont ils disposent. Il arrive, la plupart du temps, que l'argent qu'ils ont entre les mains au moment de leur premier établissement, est engagé tout entier dans un matériel d'exploitation trop souvent insuffisant. Au moindre

revers, se produit un déficit irréparable, qui ensuite
se creuse de jour en jour davantage. Le mobilier de
peu de valeur du fermier auquel je succédais me sug-
gérait ces réflexions au moment où j'allais me mettre à l'œuvre. Cet excellent homme me décourageait
d'ailleurs de son mieux. Il assurait qu'après vingt
ans passés à remuer le sol que mon père lui avait
affermé, il se retirait sans bénéfice, et que s'il ne
s'était pas appauvri, c'était uniquement par suite
des résultats obtenus dans une autre industrie
qu'il avait toujours exercée et qui était sans aucune
relation avec la culture. L'état de malpropreté des
terres qu'il remettait entre mes mains montrait
assez d'ailleurs qu'il disait vrai. Une de mes plus
grandes difficultés devait être, en effet, dans cette
lutte obscure contre l'envahissement des mauvaises
herbes, que peuvent seuls comprendre ceux qui
ont voué leur vie à la pratique agricole. Il serait
certainement exact de tenir compte des progrès
obtenus sous ce rapport dans l'inventaire de
chaque année; mais les bases certaines manquent
pour déterminer les chiffres qui peuvent exprimer ces résultats dans le bilan du cultivateur, et
la récompense de ceux qui persévèrent est de voir
l'avenir seul restituer les dépenses faites pour le
nettoyage des terres.

L'assolement généralement en usage dans le
département de la Seine-Inférieure est triennal :

blé, avoine et fourrages, telles sont les trois périodes qui partagent les cultures du pays; sur la
troisième sole seulement, des terres sont réservées
pour être consacrées à la culture des plantes indus-
trielles, et principalement du colza. Le blé sert à
l'alimentation des hommes de la ferme, l'excédant
seul est vendu; l'avoine entre presque tout entière
dans la nourriture des chevaux et des moutons;
le colza, exporté au dehors, ne laisse à peu près rien
au sol qui l'a nourri : de telle sorte que ce système a
pour cause fatale l'appauvrissement de la terre, lorsqu'il n'est pas suivi par des cultivateurs qui achètent
des engrais ou qui se livrent à des engraissements
de bestiaux avec des aliments apportés du dehors.
Je donnai la préférence à l'assolement de quatre
ans, qui laisse une plus grande place aux fourrages,
et permet d'entretenir un plus grand nombre de
têtes de bétail par hectare. Mon but était du reste
de mettre mon exploitation en état de se suffire à
elle-même, et de ne rien acheter, à l'exception des
engrais que je pourrais me procurer en dehors de
mon exploitation. C'était un plan tout opposé à
celui que me traçait l'exemple des cultivateurs
environnants. La ferme qui voit naître les animaux
n'est pas ordinairement celle qui les élève, et
encore moins celle qui les engraisse et les amène
à la boucherie. Les transactions faites sur les
marchés jouent un rôle capital dans la vie de nos

cultivateurs : elles ont pour eux un attrait tout particulier, et, en examinant les causes véritables de la fortune de quelques-uns d'entre eux, on voit trop souvent que leur prospérité est due à l'habileté mise en œuvre dans les ventes et achats répétés le plus souvent possible, plutôt qu'à l'intelligence déployée dans la conduite de l'exploitation elle-même.

Grâce à une ressource exceptionnelle d'engrais, j'obtins rapidement de très belles récoltes. Dans mes promenades à Dieppe, j'avais remarqué que toutes les vidanges de la ville étaient jetées sur la plage et abandonnées sur certains points où la mer devait les emporter à la marée montante. Le sol sur lequel Dieppe est construit ne se prêtant que difficilement à l'établissement des fosses d'aisances, ces vidanges renfermaient des matières d'une richesse extrême. L'analyse m'a permis d'y constater 1,10 pour 100 d'azote. J'achetai ces engrais un prix insignifiant, environ 1 fr. 50 c. le mètre cube. J'avais des tonneaux semblables à ceux qu'emploient les entrepreneurs de vidanges à Paris. Ces tonneaux revenaient chaque jour, à la ferme, vers midi; on étendait immédiatement en nappe leur contenu sur mes terres, à raison de 40 à 50 mètres cubes par hectare. J'évitais ainsi toute perte des principes actifs et toute manipulation inutile. Sous cette puissante influence, j'ai obtenu des récoltes tout à fait extraordinaires : dans le cours de l'année 1852, une commission de la Société centrale d'agriculture de Rouen a constaté un rendement de 102,000 kilogrammes de betteraves champêtres sur un hectare de terrain fertilisé par ce procédé, et une récolte de 92 hectolitres de graines de colza sur une surface de 2 hectares. Comprenant combien il serait désirable que mon exemple pût trouver des imitateurs, cette même Société m'avait décerné une médaille d'or pour signaler à l'attention publique l'intérêt qui s'attache à l'emploi des vidanges recueillies dans les villes. Les cultivateurs voisins ne tardèrent pas, en effet, à être frappés par les résultats obtenus avec ce précieux engrais. La leçon profita au point que je fus bientôt évincé par des agriculteurs plus rapprochés de la ville de Dieppe. Ils sont arrivés aujourd'hui à payer de 12 à 15 francs les quantités qui m'avaient été livrées au prix de 1 fr. 50 c. En présence de cette concurrence, je dus renoncer à l'emploi de ces engrais, en emportant toutefois la satisfaction d'avoir ajouté un témoignage de plus à l'appui de toutes les réflexions que suggère à si juste raison aux agronomes la perte des riches substances que produisent les vidanges des grandes villes. J'ai cherché depuis lors à utiliser d'autres engrais que peuvent fournir les ports de mer : j'ai employé un poisson que les pêcheurs rapportent du banc de Terre-Neuve, et qu'on nomme le capelan. Je me suis servi également des *chiens de mer* ou squales; j'allais les chercher chez le docteur Delattre, qui utilise le foie de ces animaux pour la fabrication d'une huile médicinale analogue à l'huile de foie de morue. Ces débris de poissons sont riches en azote et en phosphates, mais je rencontrai de sérieuses difficultés dans l'épandage : il est difficile d'en obtenir des quantités suffisantes pour couvrir de grandes surfaces; il devient dès lors nécessaire de mélanger ces poissons avec des terres, de manière à former de véritables terreaux, dont la main-d'œuvre ne laisse pas que d'être assez élevée.

Je donnai du reste une attention extrême à la bonne confection des fumiers. Le cultivateur qui m'avait précédé laissait s'écouler le *purin* dans la rue en pure perte; je le recueillis au contraire soigneusement dans une fosse convenable, et je le reportai ensuite sur les tas au moyen d'une pompe.

A l'époque où je commençai mes travaux, la négligence des fermiers sous ce rapport était extrême dans le département de la Seine-Inférieure. Un heureux et presque complet changement s'est opéré depuis lors. Il est principalement dû aux excellentes leçons de M. Girardin, correspondant de l'Institut, aujourd'hui doyen de la Faculté de Lille, et qui pendant plus de dix ans a parcouru

les fermes de notre pays, en mettant à la portée
des cultivateurs les enseignements de la science
sur la question capitale des engrais, et en les per-
suadant par sa parole claire et sympathique.

Dans les premiers mois de mon faire valoir,
j'avais été dans le département de Loir-et-Cher
visiter un agronome dont la mort prématurée
a été l'objet des regrets unanimes de tous les
amis du progrès. Je veux parler de M. Malingié,
directeur de la ferme école de la Charmoise, dont
l'exploitation m'avait vivement frappé. Tout le
monde agricole connaît la magnifique race de
moutons dont il est le créateur, ses appréciations
sur le rôle inutile, selon lui, de la paille con-
servée comme engrais, et sur le mérite des litières
terreuses.

J'achetai dans la ferme de la Charmoise les
moutons qui devaient former le noyau de mon troupeau. Après bien des hésitations, j'avais arrêté
mon choix sur cette excellente race. Il n'est pas du
reste de questions plus compliquées que celles qui
se rattachent aux animaux employés dans l'agriculture. Les cultivateurs poursuivent sans cesse dans
un animal la perfection de tous les produits qu'il
peut donner. Ils voudraient trouver dans les bêtes
à cornes la plus grande aptitude à l'engraissement
avec la plus grande abondance de lait; dans les
moutons, des facultés d'engraissement aussi puis-

santes que possible avec une production en laine
très élevée. Ces qualités sont souvent exclusives
les unes des autres, et il devient par conséquent
difficile de s'entendre. D'un autre côté, à moins de
faire des sacrifices qui ne sont nullement en rapport avec la valeur commerciale des animaux, personne ne peut charger une exploitation rurale
considérable avec les types des animaux perfectionnés du premier ordre. Il reste la possibilité de
faire des croisements ; mais si les premiers produits sont souvent excellents, les seconds le sont
beaucoup moins et s'éloignent du type modèle
qui a été pris pour reproducteur. La situation du
cultivateur voué à une pratique agricole sérieuse
est donc très embarrassée sous ce rapport, et le
mieux est de poursuivre sans découragement le
travail si lent d'une amélioration qu'activent certainement de bons reproducteurs, et que les années
seules peuvent assurer.

Je donnai d'abord à mes brebis charmoises des
béliers de la race Dishley, dans l'espoir d'élever
un peu la taille de mes animaux ; je croisais également des reproducteurs de ce type avec des brebis
du pays : mes produits, sans être mauvais, présen-
taient des tempéraments trop lymphatiques, un peu
sujets à la cachexie aqueuse. Je me trouvai beaucoup mieux du croisement avec les béliers south-
down, qui me donnèrent principalement avec les

brebis du pays des premiers produits admirables :
j'obtenais des animaux que je pouvais livrer à la
boucherie dès l'âge de deux ans, tandis que ceux
du pays ne sont engraissés qu'à quatre ans.

Mes moutons étaient alimentés suivant les usa-
ges de la contrée : en été, dans les prairies artifi-
cielles; en hiver, dans les bergeries. Mon exploitation ne comportant pas de prairies permanentes,
je n'ai jamais eu qu'un nombre de bêtes à cornes
très restreint; je n'ai pas cherché davantage à entrer
dans l'élevage des chevaux. En général, la première
règle à observer pour un propriétaire cultivant
par lui-même doit être d'essayer à faire mieux que
les cultivateurs environnants, mais non pas de
tenter une autre industrie que la leur. Ce n'est
assurément pas sans raison que l'élevage des bêtes
à cornes est cantonné dans certains pays, celui
des chevaux dans certains autres, et qu'au point de
vue de la production agricole, chaque pays a sa
spécialité bien marquée. L'élevage des chevaux
dans le département de la Seine-Inférieure est
très exceptionnel, et pour les cultivateurs de ma
région cet animal n'est et ne doit être qu'un instrument de travail. Il semble que, dans cette
situation, les fermiers ne devraient attacher à leurs
écuries qu'une importance accessoire; il n'en est
rien cependant : le luxe des équipages qui traînent
les charrues ou de lourds chariots à quatre roues

frappe toutes les personnes qui parcourent nos campagnes; les charretiers réclament pour les chevaux qu'ils conduisent, mais qui ne leur appartiennent pas, les meilleures nourritures de la ferme, et c'est à grand'peine que les greniers sont défendus contre leurs exigences sans cesse répétées. Le seul résultat de si grands sacrifices est de permettre au fermier de ne pas perdre à la revente sur les chevaux qu'il a achetés à deux ou trois ans, et dont il se défait vers la cinquième ou sixième année. Suivant à cet égard un système tout contraire, mon écurie n'a jamais présenté que des animaux achetés le meilleur marché possible, et conservés jusqu'aux dernières limites de leur âge ou de leurs forces.

Je préférais attacher une importance beaucoup plus grande aux instruments. J'ai remplacé la charrue cauchoise par l'excellente charrue Dombasle, et j'ai employé le scarificateur si solidement construit dans la fabrique établie à Nancy, sous les auspices du nom si cher aux cultivateurs que je viens de rappeler. Je me sers aussi, depuis quelque temps, d'un semoir anglais à treize rangs, qui offre l'avantage de donner à la terre un travail énergique, de répandre le grain beaucoup mieux qu'on ne pourrait le faire à la main, et de présenter une économie d'un quart pour cent au moins dans la semence employée. Je n'ai pas hésité, depuis trois ans, à installer une moissonneuse de la fabrication de MM. Burgess et Key, qui fait un très bon travail, et m'a permis de réaliser une économie notable dans mes frais de récolte.

Prise dans son ensemble, mon exploitation, pendant les premières années, n'a du reste jamais eu d'autre caractère apparent que celui des autres fermes normandes. Mon inventaire était dressé scrupuleusement : amortissement du matériel, intérêt du capital engagé, fermage calculé d'après les prix ordinaires du pays; tous les éléments d'une situation irrécusable étaient relevés sur des états que j'ai toujours conservés soigneusement, et qui m'ont permis de mettre en relief, à mes propres yeux, les côtés défectueux de mon entreprise. J'ai été amené ainsi à reconnaître combien les charges que l'hiver impose aux cultivateurs sont onéreuses.

La consommation des animaux, pendant la saison du long sommeil de la végétation, représente toujours une valeur vénale beaucoup plus considérable que leur accroissement, de telle sorte que la plus-value du bétail est loin de compenser le prix des fourrages secs et des farineux qu'il absorbe. Les cultivateurs considèrent qu'un bénéfice certain les attend lorsqu'ils font consommer les produits de leurs terres. Ils hésitent devant le moindre achat, parce qu'ils tiennent pour axiome que le premier argent gagné est celui qui n'est pas dépensé, mais ils sont sans réponse satisfaisante devant l'objection de ceux qui viennent leur dire : Vendez vos fourrages; avec le produit de cette vente, rachetez sous une forme quelconque l'engrais qu'aurait pu vous donner le bétail de vos étables, et votre bénéfice sera peut-être plus important que si vous aviez fait consommer. Le prix de revient des animaux, tels qu'ils sont habituellement nourris dans nos fermes sans le secours des racines, constitue presque toujours nos cultivateurs en perte. Je tiens cette observation pour d'autant plus vraie, qu'un régime exclusif de nourritures sèches a les plus grands inconvénients pour la santé des bestiaux : j'ai été trop souvent témoin d'accidents arrivés lorsque la saison forçait à changer brusquement la nourriture chargée de si grandes quantités d'eau, qu'on peut offrir aux animaux pendant la période de végétation, contre les aliments desséchés que le laboureur recueille pour traverser l'hiver. C'est par suite de ces considérations que je fus amené à la culture des racines, et que je commençai à cultiver les betteraves sur une large échelle, dans un pays où il fallait prendre à cet égard l'initiative, ce qui est toujours en agriculture la source de grandes difficultés.

Les distilleries agricoles sont assurément la meilleure manière de tirer parti des betteraves.

L'alcool qu'elles permettent de recueillir pour être exporté et vendu, n'enlève pas aux racines une quantité de principes nutritifs équivalant au produit en argent qu'il donne le moyen de réaliser, et c'est pourquoi je résolus, dès l'année 1857, la construction d'une distillerie dans le système le plus simple, tenant avant tout à conserver un caractère rural, et à ne pas devenir une grande usine. Le système Champonnois est assurément celui qui paraît répondre le mieux à ce point de vue. Je montai des appareils pour traiter environ 1 000 000 de kilogrammes de betteraves dans la même campagne, sans travail de nuit, et devant donner environ 700 000 kilogrammes de pulpes qui pouvaient me permettre d'alimenter et d'engraisser un nombreux bétail. Tout s'enchaîne dans une exploitation rurale avec une telle rigueur, qu'une modification de quelque importance dans les détails amène une perturbation complète dans l'ensemble. Ma distillerie me conduisit à élever de nouveaux bâtiments, à remplacer le modeste manége traîné par des bœufs, qui servait précédemment de moteur à ma machine à battre, par une machine à vapeur imprimant le mouvement aux instruments de ma distillerie, au concasseur, hache-paille, moulin à farine, etc. Je dus aussi modifier mes assolements et renoncer à la production du colza, pour pouvoir consacrer à la culture de mes betteraves une quantité de terre suffisante. Les mois d'hiver qui avaient été jusqu'alors, pour moi comme pour les autres cultivateurs, un temps de disette, devinrent au contraire avec ma distillerie une période d'abondance. Les animaux entretenus sur mes pâturages d'été n'étaient plus assez nombreux pour consommer les résidus de ma fabrication, et je fus forcément conduit à l'engraissement, qui permet seul de proportionner l'effectif du bétail aux ressources dont on dispose. J'achetai des vaches maigres auxquelles je donnai 50 à 60 kilogrammes de pulpes par jour. J'ai souvent calculé que la ration d'entretien par vingt-quatre heures, avec cette excellente nourriture, ne ressort pas pour un bœuf de 600 kilogrammes, par exemple, à plus de 50 centimes, sans compter la paille. Mes premiers pas dans cette nouvelle voie ne devaient pas être heureux : mes animaux furent atteints pendant la première année de la péripneumonie. Les cultivateurs environnants et les hommes employés dans ma ferme déclaraient que les pulpes étaient les véhicules de cette dangereuse maladie, et mes débuts furent bien troublés sous ce rapport. Je luttai avec énergie contre l'envahissement du mal. L'*inoculation*, dont il a été tant parlé à l'école d'Alfort et parmi les vétérinaires, fut pratiquée chez moi sur une assez grande échelle par le regrettable M. Delafond. Je ne puis pas affirmer qu'elle constitue un moyen préventif certain, mais elle ne présente assurément aucun danger lorsqu'elle est faite avec soin, et l'on doit la conseiller à tous ceux qui sont exposés aux ravages du fléau qui avait frappé mes étables. Je remplaçai du reste, l'année suivante, les vaches par les moutons; le pays que j'habite est un pays de plaines et de grande culture : c'est assez dire que les moutons y tiennent une place plus importante que les bêtes à cornes, et que je devais, par conséquent, rencontrer des facilités particulières pour acheter des moutons maigres destinés à l'engraissement.

Mes pulpes me permettaient de nourrir jusqu'à six cents têtes de moutons par hiver. J'ai vendu ainsi et livré à la boucherie, dans le meilleur état, environ 30 000 kilogrammes de poids vivant par campagne. Un bétail aussi nombreux me donne des quantités considérables de fumier et amasse dans mes terres une fertilité exceptionnelle.

En faisant ressortir, comme je viens de le faire dans les lignes qui précèdent, les traits les plus saillants de l'exploitation que je dirige depuis bientôt quatorze ans, j'ai voulu surtout imprimer aux recherches agronomiques qui font l'objet de cette publication leur véritable caractère, et démontrer qu'elles ont été conçues au point de vue de la pratique agricole la plus rigoureuse, et qu'elles sont avant tout l'œuvre d'un *cultivateur*.

Le lien qui unit la science à la culture deviendra de jour en jour plus étroit, et, fort de cette féconde alliance, l'avenir témoignera de plus en plus que le beau et vaste champ d'études au milieu duquel les agronomes vivent et contemplent les phéno-mènes si variés de la vie végétale et animale, offre à l'esprit un intérêt toujours nouveau et à l'âme une de ses plus saines occupations.

15 avril 1863.

JULES REISET.

RECHERCHES

PRATIQUES ET EXPÉRIMENTALES

SUR L'AGRONOMIE

EXPÉRIENCES

SUR LA COMPOSITION DU LAIT

DANS CERTAINES PHASES DE LA TRAITE

ET SUR

LES AVANTAGES DE LA TRAITE FRACTIONNÉE

POUR LA FABRICATION DU BEURRE.

(1848.)

C'est un fait généralement reconnu que le lait offre des différences appréciables dans ses qualités suivant qu'il est recueilli au commencement ou à la fin de la traite.

Parmentier et Deyeux paraissent en avoir fait la première remarque, et voici comment ils s'expriment dans leur livre, qui fournit de précieuses indications sur l'importance domestique du lait :

REISET. 1

« D'après l'observation que nous avons faite relativement à la différence notable qui existe entre la première et la dernière portion du lait d'une même traite, on doit facilement concevoir combien est vicieux l'usage dans lequel on est, surtout dans les grandes communes, de destiner le lait d'une même femelle au service de plusieurs individus.

» Supposons, en effet, trois malades auxquels le médecin aura prescrit le lait d'ânesse, par exemple, à la dose de huit onces le matin, quantité que cette femelle peut fournir à chaque traite. On conduit l'ânesse chez le premier malade, et l'on tire la mesure de lait dont il a besoin; on va ensuite chez le second, et enfin chez le troisième, auxquels on donne, comme au premier, la dose de lait prescrite. Dans ce cas, il est aisé de voir que le premier malade aura le lait le plus séreux, tandis que le dernier n'a, pour ainsi dire, que de la crème (1). »

Plus récemment, MM. Quévenne et Donné ont imaginé, chacun de leur côté, des instruments destinés à déterminer plus ou moins rapidement les qualités du lait, et notamment la proportion de crème qu'il contient. Ce fait n'a pas échappé à leur attention.

Enfin, dans son mémoire sur la composition chimique du lait d'ânesse (2), M. Péligot a le premier donné une analyse avec des nombres. Le lait d'une même traite, après un sevrage de neuf heures, a été

(1) *Traité sur le lait*, p. 206.
(2) *Annales de chimie et de physique*, 2ᵉ série, t. LXII, p. 437.

recueilli en trois parties séparées. L'analyse de ces trois parties a donné :

Beurre	0,96	1,02	1,52
Sucre de lait . . .	6,50	6,48	6,45
Caséum	1,76	1,95	2,95
Matières solides . .	9,22	9,45	10,92
Eau	90,78	90,55	89,08
	100,00	100,00	100,00

J'ai multiplié les analyses pour arriver à une connaissance plus complète d'un phénomène physiologique aussi singulier.

Les expériences ont porté sur le lait de deux vaches nourries à la prairie pendant la journée, et rentrées à l'étable pendant la nuit, sans y recevoir de nourriture. Dans la capsule même où devait s'opérer l'évaporation au bain-marie, on faisait tomber de la mamelle 20 grammes environ du lait à analyser. Le résidu était définitivement pesé après une dessiccation complète à 100 degrés dans l'étuve.

DATE de l'expérience.	HEURE de la traite.	TEMPS écoulé depuis la dernière traite.	LAIT recueilli au commencement de la traite. Résidu sec p. 100.	LAIT recueilli à la fin de la traite. Résidu sec p. 100.	MOYENNE.	POIDS du produit de la traite en grammes	OBSERVATIONS.

VACHE N° 1. — LA BLANCHE.

DATE de l'expérience.	HEURE de la traite.	TEMPS écoulé	LAIT recueilli au commencement	LAIT recueilli à la fin	MOYENNE.	POIDS en grammes	OBSERVATIONS.
1843.							Dans les 24 heures, la vache blanche fournissait en moyenne 12 500 gr. de lait. La vache rouge seulement 10 250 gr.
16 octob.	6 h. matin.	12 h.	9,33	16,04	12,68	4940	
27 id.	7 h. id.	12 h.	9,90	15,85	12,87	4840	
31 id.	7 h. id.	12 h.	9,90	17,82	13,86	4200	
29 id.	6 h. 1/2 soir	11 h. 1/2	10,41	21,30	15,85	4570	
31 id.	6 h. 1/2 id.	11 h. 1/2	9,62	19,07	14,34	4100	
28 id.	6 h. 1/2 id.	6 h.	13,30	16,30	14,80	2000	
26 id.	6 h. 1/2 id.	6 h.	12,80	16,06	14,43	2540	
25 id.	midi.	5 h.	11,49	17,70	14,60	2600	
27 id.	id.	5 h.	12,00	21,20	16,60	2695	
1er nov.	id.	5 h.	13,60	18,50	16,05	2355	
30 octob.	4 h. soir.	4 h.	17,19	16,93	17,06	1320	
1er nov.	4 h. id.	4 h.	15,28	14,73	15,00	1240	Les deux vaches étaient traites habituellement à 6 h. du matin, à midi et à 6 h. du soir.
30 octob.	6 h. 1/2 soir	2 h. 1/2	14,60	13,33	13,86	425	
1er nov.	6 h. 1/2 id.	2 h. 1/2	12,84	13,08	12,86	530	
1844.							
20 sept.	2 h. 1/4 id.	1 h. 1/4	13,65	13,89	13,77	650	
20 id.	3 h. 1/2 id.	1 h. 1/4	11,65	11,89	11,77	60	
20 id.	5 h. id.	1 h. 1/2	10,96	»	»	20	
20 id.	6 h. 1/2 id.	1 h. 1/2	10,88	13,33	12,10	normal.	

VACHE N° 2. — LA ROUGE.

DATE de l'expérience.	HEURE de la traite.	TEMPS écoulé	LAIT recueilli au commencement	LAIT recueilli à la fin	MOYENNE.	POIDS en grammes	OBSERVATIONS.
1843.							
3 nov.	7 h. matin.	12 h. 1/2	11,01	17,63	14,32	4465	
2 id.	6 h. 1/2 soir	6 h. 1/2	13,15	17,29	15,22	2210	
3 id.	midi.	5 h.	14,37	18,93	16,65	2120	
3 id.	6 h. 1/2 soir	5 h.	13,20	17,50	15,35	2040	
3 id.	1 h. 1/2 id.	1 h. 1/2	18,34	16,33	17,33	80	

DATE de l'expérience.	HEURE de la traite.	TEMPS écoulé depuis la dernière traite.	LAIT recueilli au commencement de la traite. Résidu sec pour 100.	LAIT recueilli au milieu de la traite. Résidu sec pour 100.	LAIT recueilli à la fin de la traite. Résidu sec pour 100.	OBSERVATIONS.
1844. 20 sept. 27 sept.	Midi. Midi.	5 h. 5 h.	10,96 12,13	13,14 13,72	19,20 20,00	Vache n° 1, la blanche. Vache n° 2, la rouge.

De l'ensemble des faits consignés dans ces tableaux, il résulte que le lait recueilli à la fin de la traite est plus riche que celui recueilli au commencement. Il faut remarquer cependant que cette disposition n'est pas absolue, et que la différence ne s'observe que quand le lait a séjourné plus de quatre heures dans son réservoir naturel. Si l'on rapproche les traites de deux en deux heures, ou davantage, la composition du lait reste sensiblement constante durant toute l'émission ; toutefois ces traites réitérées ne sont pas normales, et la vache ne s'y soumet qu'avec beaucoup de répugnance ; il arrive même qu'elle y oppose une résistance qu'on ne peut pas vaincre.

Ces faits ne semblent-ils pas prouver que la matière grasse qui est la cause de toutes ces différences, comme on le verra plus loin, se sépare dans les mamelles de la vache comme dans un vase inerte? Ce qui confirme cette opinion, c'est que la proportion de beurre qui s'accumule dans la dernière portion du lait est d'autant plus grande que le séjour a été plus prolongé.

Quand on vient à analyser la portion du lait prise au milieu même de la traite, elle se rapproche généralement davantage, par sa composition, du lait reçu au commencement de cette même traite. Enfin, un dernier fait, digne d'intérêt, mais qu'il était facile de prévoir s'observe entre le lait des vaches, suivant qu'elles sont au milieu de l'herbage, en pleine pâture, ou bien rentrées la nuit à l'étable, et privées d'aliment. Dans le premier cas, l'influence de l'alimentation est tellement immédiate, que l'on reçoit un lait sensiblement plus riche que dans le second cas. Il y a donc perte à éloigner la traite du moment de l'ingestion des aliments.

Le traitement du résidu par l'éther démontre que ces variations considérables sont exclusivement affectées au compte de la matière grasse. La partie insoluble dans l'éther varie à peine, et si l'on fait le dosage de l'azote ou des sels dans ces résidus d'origine si différente, on trouve des nombres presque constants. L'analyse est ainsi venue confirmer l'observation consignée par M. Donné (1) : « L'élément gras, suspendu sous forme de globules, fait seul varier la pesanteur spécifique du lait, et après l'avoir séparé par le filtre, on trouve que la densité du lait filtré ne varie pas d'une manière sensible, quelle que soit la différence que présentent les laits eux-mêmes avant d'être filtrés. »

(1) *Cours de microscopie*, p. 394.

RÉSIDU SEC pour 100 de lait.	PARTIE soluble dans l'éther : matière grasse.	PARTIE insoluble dans l'éther : sucre de lait, caséum et sels.	AZOTE p. 100 parties du résidu épuisé par l'éther.	SELS p. 100 parties du résidu épuisé par l'éther.	OBSERVATIONS.
9,9	1,8	8,1	»	»	Vache n° 1,
15,85	6,6	9,25	»	»	la blanche.
9,90	0,8	9,1	»	»	»
17,82	9,60	8,22	»	»	»
10,41	1,07	9,34	6,36	0,71	»
21,30	13,20	8,10	6,28	0,80	»
12,0	3,30	8,70	5,88	0,75	»
21,2	13,10	8,10	6,09	0,84	»
13,6	5,23	8,37	»	»	»
18,50	10,70	7,80	»	»	»
17,19	9,70	7,49	»	»	»
16,93	8,60	8,33	6,69	1,11	»
11,01	2,20	8,81	5,32	»	»
17,63	9,70	7,93	6,26	0,74	»
13,20	4,40	8,80	6,42	0,63	»
17,50	9,10	8,40	5,70	0,70	»
13,15	4,30	8,85	5,96	»	»
17,29	8,80	8,49	»	»	»
14,60	7,20	7,40	»	»	»
13,33	7,10	6,23	»	»	»
15,28	4,90	10,38	»	»	»
14,73	5,10	9,63	»	»	»
12,84	4,90	7,94	»	»	»
13,08	4,30	8,78	»	»	»
9,62	1,22	8,40	6,34	0,75	Vache n° 2,
19,07	11,20	7,87	6,11	0,74	la rouge.
14,37	5,90	8,47	5,92	0,77	»
18,93	10,50	8,43	6,00	0,77	»

NOTA. — Les résidus analysés sont ceux qui figurent dans le tableau n° 1.

Le lait de la femme présente aussi des variations très appréciables dans sa composition, suivant qu'il est recueilli avant ou après avoir donné le sein à l'enfant.

DATE de l'expérience.	LAIT recueilli avant d'avoir donné le sein à l'enfant. Résidu sec pour 100.	LAIT recueilli après avoir donné le sein à l'enfant. Résidu sec pour 100.	MOYENNE.	TEMPS ÉCOULÉ depuis le dernier allaitement.	HEURE de la prise du lait pour l'expérience.
		LAIT DE FEMME.			
1843. 8 nov.	10,58	12,93	11,8	10 h. 1/2.	8 h. 1/2 mat.
8 id.	10,81	12,32	11,5	8 h. 1/2.	5 h. soir.
10 id.	12,78	15,52	14,0	5 h. 1/2.	5 h. 1/2 soir.
10 id.	12,18	15,41	13,8	4 h.	9 h. 1/2 id.
9 id.	13,46	14,57	14,0	1 h. 1/2.	7 h. 1/2 id.

Le lait dont les analyses sont consignées dans le tableau précédent est celui d'une nourrice de vingt-sept ans, accouchée depuis onze mois, et qui nourrissait son cinquième enfant.

On remarquera qu'après un séjour prolongé dans les organes sécréteurs, le lait de la femme possède une richesse moyenne très sensiblement moindre. Enfin, les différences que présente la composition du lait de femme doivent être attribuées exclusivement à la matière grasse : comme dans le lait de la vache, la partie du résidu insoluble dans l'éther, la proportion d'azote et les sels restent sensiblement dans les mêmes rapports.

RÉSIDU SEC pour 100 de lait.	PARTIE SOLUBLE dans l'éther : matière grasse.	PARTIE INSOLUBLE dans l'éther : sucre de lait, caséum et sels.	AZOTE pour 100 parties du résidu épuisé par l'éther.	SELS pour 100 parties du résidu épuisé par l'éther.
		LAIT DE FEMME.		
10,58	2,0	8,58	1,52	0,98
12,93	1,9	11,03	»	»
10,81	3,3	7,51	1,89	»
13,32	4,1	8,22	1,85	1,1
13,46	4,9	8,56	1,58	»
14,57	6,1	8,47	2,11	»
12,78	3,9	8,88	2,0	»
15,52	7,4	8,12	»	»
12,18	3,3	8,88	»	»
15,41	7,0	8,41	»	»

Si la disposition de la mamelle chez la vache permet de supposer que la matière grasse surnage peu à peu, et s'échappe la dernière au dehors, il paraît difficile d'admettre la même interprétation en ce qui concerne la femme. Cette particularité mériterait peut-être d'attirer l'attention des physiologistes.

Il n'était pas sans intérêt de constater le degré de fidélité que l'on devait attribuer au *lactoscope* de M. Donné, en rapprochant les résultats qu'il fournit de ceux de l'analyse. On voit que cet instrument peut donner dans la pratique des indications utiles, mais bien éloignées de la rigueur que l'on rencontre dans les méthodes chimiques. C'est une simple approximation qui trouve son avantage dans la rapidité de ses résultats.

RÉSIDU SEC pour 100 de lait.	INDICATIONS fournies par le lactoscope pour le lait analysé.	OBSERVATIONS.
10,52	109	
10,96	36	
11,65	38	
11,89	40	
13,14	21	
13,65	23	
13,89	19	
14,26	25	
16,66	11	
17,17	15	
19,20	10	
* 10,88	94	* Les cinq derniers nombres ont été recueillis par un observateur dont la vue était différente.
* 10,96	56	
* 12,13	25	
* 13,72	20	
* 20,00	10	

Avantages de la traite fractionnée pour la fabrication du beurre.

La séparation de la matière grasse du lait dans la mamelle de la vache est un fait que l'économie rurale doit mettre à profit. Il indique naturellement de réserver les dernières portions de la traite pour obtenir le beurre.

Les expériences suivantes montrent qu'en opérant ainsi on peut arriver à fabriquer deux fois plus de beurre avec une même quantité de lait.

Cette méthode des traites fractionnées ne serait donc pas à dédaigner dans une exploitation considérable où l'on viserait au plus grand rendement en lait et en beurre.

VACHE N° 1. — LA BLANCHE.

1° Du 21 août 1843 au 28 août inclusivement, cette vache a fourni 106 056 grammes de lait, qui ont donné 4 850 grammes de beurre lavé et non fondu ; soit, 4,57 de beurre pour 100 de lait.

2° 62 415 grammes de lait du 6 septembre au 10 septembre inclusivement ont donné 2 870 de beurre ; soit 4,5 de beurre pour 100 de lait.

En sacrifiant ainsi tout le lait de la vache à la production du beurre, on obtient 4,5 de beurre pour 100 de lait.

3° Poids du lait recueilli du 27 septembre au 3 octobre = 79 025 grammes.

> Lait de la dernière portion mis de côté
> en fractionnant les traites. . . . .   18 765 grammes.
> Beurre obtenu 1 245
> Soit, 6,63 pour 100 du lait employé.

4° Poids du lait recueilli du 4 octobre au 7 octobre inclusivement = 42 835 grammes.

> Lait de la dernière portion mis de côté
> en fractionnant les traites. . . . .   8 565 grammes.
> Beurre obtenu   721
> Soit, 7,53 pour 100 du lait employé.

5° Poids du lait recueilli du 8 octobre au 15 octobre inclusivement = 85 850 grammes.

> Lait de la dernière portion mis de côté
> en fractionnant les traites. . . . .   12 495 grammes.
> Beurre obtenu 1 050
> Soit, 8,4 pour 100 du lait employé.

MÉMOIRE

SUR

LA VALEUR DES GRAINS ALIMENTAIRES (1).

(1853.)

Une des plus intéressantes questions qui se présentent dans l'étude de l'économie rurale, est celle qui tend à déterminer la valeur des grains employés à l'alimentation des hommes ou des animaux.

On sait que, dans les transactions commerciales, le *poids de l'hectolitre* exerce une influence décisive : sur les marchés, l'acheteur recherche toujours un *blé lourd*, une *avoine lourde ;* il entend par là donner la préférence au grain qui, sous un même volume, présente un poids plus considérable.

Lorsque la vente se fait en prenant pour base une mesure de capacité, comme l'hectolitre, il est évident qu'un prix plus élevé doit être réservé à un poids plus considérable ; mais si la vente se fait au poids, l'acheteur semble préjuger la qualité même du grain lorsqu'il tient compte de la pesanteur de ce même grain par rapport à son volume.

Ainsi, entre deux sacs de blé d'un même poids, 100 kilogrammes par exemple, la préférence est ac-

(1) *Annales de chimie et de physique*, 3ᵉ série, t. **XXXIX**.

cordée au grain dont l'hectolitre présente le poids le plus élevé.

Cette préférence est-elle justifiée? Le grain qui pèse le plus a-t-il une valeur alimentaire plus grande? Telle est la question qui fait l'objet de ce travail.

Cette première partie comprend les expériences sur les blés; je m'occupe de compléter l'examen des autres grains alimentaires.

EXPÉRIENCES SUR LE BLÉ.

Poids de l'hectolitre de blé.

Si l'on cherche à déterminer avec précision le poids d'un volume donné de blé, on rencontre de nombreuses difficultés dans cette expérience en apparence fort simple.

Le poids d'un volume de grain dépend nécessairement : 1° de la méthode suivie pour le mesurer; 2° de la densité réelle des grains; 3° de leur forme ; 4° enfin de leur état d'hydratation.

Nous allons examiner successivement ces différentes causes qui font varier le poids de l'hectolitre.

Méthode employée pour mesurer les grains.

Tout le monde sait que des grains de blé placés dans une mesure laissent entre eux plus ou moins d'espace vide, suivant le procédé employé pour remplir cette mesure. Les grains se placeront très différemment, suivant qu'ils auront été versés lentement ou avec une certaine vitesse; la forme de vase destiné à recevoir le grain pourra exercer une influence; enfin, suivant son état d'hydratation, le grain sera plus ou moins glissant :

les grains humides et ridés laisseront entre eux le plus grand vide.

L'arrangement des grains se trouvera encore très notamment modifié, si l'on détermine un tassement en ébranlant la mesure pendant qu'on la remplit : on parvient ainsi à augmenter beaucoup le poids d'un volume déterminé de blé. La proportion de grain qui entre dans la mesure par suite du tassement, peut s'élever jusqu'à 8 kilogrammes par hectolitre, comme le prouvent les expériences suivantes :

NOMS DES BLÉS.	POIDS DE L'HECTOLITRE DU BLÉ.		
	Mesuré comme à l'ordinaire, sans tasser.	Mesuré après l'avoir tassé par secousses.	DIFFÉRENCES.
Blé du pays (d'origine anglaise)	79,000	84,360	5,360
Blé Victoria de la réc. de 1851, 1re expér.	78,760	85,316	6,556
id. 2e expér.	»	86,200	7,440
Blé spalding de la récolte de 1851. . .	76,050	84,000	7,950
Blé du pays.	79,550	86,750	7,200
Gros blé Victoria de la récolte de 1851.	79,780	86,140	6,360
Gros blé spalding, id. 1re expér.	79,200	85,800	6,600
id. id. 2e expér.	79,100	85,800	6,700
id. id. 3e expér.	»	87,040	7,940
id. id. 4e expér.	»	87,920	8,820
Blé anglais (*Barker's stiff straw*) 1re expér.	79,440	86,560	7,120
id. 2e expér.	»	86,860	7,420

Pour arriver à des expériences comparables sur le poids d'un hectolitre de grain, il est donc nécessaire d'opérer d'une manière uniforme.

Voici la méthode la plus simple et généralement adoptée :

Dans un demi-hectolitre ordinaire, on verse le grain à

la pelle, en ayant soin de ne pas ébranler la mesure. La chute du grain doit avoir lieu, autant que possible, vers le centre du demi-hectolitre, en tenant la pelle à 10 centimètres environ au-dessus de cette mesure.

On fait tomber l'excédant du grain en passant une seule fois un rouleau de bois ou le manche de la pelle sur la surface du demi-hectolitre. En procédant ainsi, on arrive à des résultats tout à fait comparables.

Dans une série de recherches, il serait bien difficile d'avoir à sa disposition un demi-hectolitre de chaque échantillon de blé, afin d'en déterminer le poids. Pour opérer avec exactitude sur une petite quantité de grains, sur un litre ou un demi-litre par exemple, je me suis servi d'un appareil fort simple que M. Busche a eu la bonté de me faire connaître.

Cet appareil, dont le but est de verser le grain d'une manière uniforme, se compose d'une trémie métallique en forme d'entonnoir; cette trémie, glissant le long d'une tige métallique garnie d'un pied, peut être fixée à une hauteur déterminée au moyen d'une vis de pression.

L'orifice inférieur de l'entonnoir a 2 centimètres de diamètre; il est fermé par un petit couvercle à charnière s'engageant sur un ressort à bouton. La trémie chargée de grains, il suffit de presser légèrement le ressort à bouton; le couvercle s'ouvre brusquement en dehors, et le grain tombe dans la mesure disposée pour le recevoir.

Cette mesure est un cylindre de cuivre d'un demi-litre exactement jaugé. En rasant l'orifice du cylindre avec une large lame métallique, on enlève le grain excédant et l'on procède à la pesée.

Cet appareil donne des résultats aussi exacts que possible. En prenant plusieurs fois de suite le poids d'un demi-litre du même blé, on n'observe généralement entre les pesées que des différences insignifiantes. Cependant, pour certains grains humides et qui se placent mal dans la mesure, j'ai trouvé jusqu'à 2 et 3 grammes de différence entre plusieurs pesées; pour des blés ordinaires, les variations sont au plus de 1 gramme pour un demi-litre.

Les poids consignés dans mon travail sont d'ailleurs obtenus en prenant la moyenne de six pesées du même échantillon de blé.

J'ajouterai qu'en réglant convenablement la hauteur de la chute du grain, il est facile d'obtenir une concordance complète entre les résultats donnés par le poids du demi-litre et ceux que fournissent les pesées faites dans les greniers avec les soins convenables.

Les deux méthodes que je viens d'indiquer donnent, aussi exactement que possible, le poids d'un volume déterminé de blé.

Mais, pour connaître la pesanteur spécifique réelle, ou la *densité* du blé, il faut tenir compte du vide laissé entre chaque grain de blé; il faut tenir compte de son volume, de sa forme, sans les modifier.

J'appellerai donc *poids apparent* du blé, le résultat obtenu en mesurant et en pesant le blé avec les soins que nous venons d'indiquer.

Quant à la *densité* du blé, elle a été prise au moyen

du voluménomètre de M. Regnault. La description de cet ingénieux appareil se trouve dans les *Annales de chimie et de physique* (1), et je n'ai rien de particulier à y ajouter.

Son emploi m'a fourni des résultats d'une exactitude rigoureuse, et ces résultats inspireront, j'espère, d'autant plus de confiance, que mon ami M. Izarn a bien voulu, avec son obligeance ordinaire, m'exercer au maniement de cet appareil dans le laboratoire de M. Regnault, au collége de France.

Le poids du blé mis en expérience était généralement de 120 grammes. Le jour même où l'on prenait la densité d'un blé, on déterminait le poids apparent du litre de ce grain.

Le tableau qui suit donne, pour chaque échantillon de blé, sa densité absolue, comparée à celle de l'eau prise pour unité : on en déduit le poids de 1 litre de blé, en admettant que ses grains soient tellement juxtaposés et soudés les uns aux autres, qu'il n'existe aucun vide entre eux. Ces nombres sont consignés dans les colonnes n⁰ˢ I et II du tableau. Le poids apparent du litre est mis enregard dans la colonne n° III.

NOMS DES BLÉS.	I. Densité.	II. Poids du litre. Densité.	III. Poids apparent du litre.
		gr.	gr.
Pétanielle noire.	1,290	1290	739,6
Blé blanc anglais.	1,347	1347	767,4
Blé récolté à Écorchebœuf en 1850.	1,350	1350	748,8
Blé de la Charmoise.	1,350	1350	774,2
Blé Albert (3ᵉ année d'importation)	1,358	1358	791,6

(1) Tome XIV, p. 207.

NOMS DES BLÉS.	I. Densité.	II. Poids du litre. Densité.	III. Poids apparent du litre.
		gr.	gr.
Blé anglais (*Barker's stiff straw*) importé en 1851.	1,371	1371	793,0
Blé blanc de Russie cultivé à Neufchâtel (Seine-Inférieure).	1,378	1378	846,0
Blé Hérisson (1851).	1,380	1380	795,6
Blé Richelle de Naples, blanc, de mars.	1,381	1381	801,1
Blé Victoria de mars (Pontoise).	1,381	1381	745,4
Blé anglais spalding, récolté à Écorchebœuf en 1851.	1,382	1382	782,3
Blé anglais Victoria, récolté à Écorchebœuf en 1851.	1,384	1384	784,5
Blé de Xérès (très dur), Bruyères près d'Arpajon	1,384	1384	803,6
Blé rouge de Russie, 7ᵉ année d'importation.	1,385	1385	795,0
Blé cultivé aux environs de Pontlevoy.	1,388	1388	775,0
Blé triménia barbu de Sicile (1851).	1,390	1390	803,0
Blé nonnette, ou géant de Sainte-Hélène (1850).	1,391	1391	799,8
Blé Richelle de Grignon.	1,396	1396	805,8
Blé Albert (importé d'Angleterre en 1851).	1,398	1398	815,3
Blé de Pologne (très dur)	1,407	1407	746,2

Une observation ressort immédiatement du rapprochement de ces nombres : le *poids apparent* du litre n'est généralement pas en rapport avec la *densité*. On sera frappé de voir qu'à la densité la plus élevée 1,407, correspond 746,2, un des plus faibles nombres trouvés pour le poids apparent du litre.

D'un autre côté, pour l'échantillon n° 7 (blé blanc de Russie), dont le poids apparent s'élève à 846,0, correspond la densité 1,378, qui est au-dessous de la moyenne.

Ces anomalies, qui étonnent tout d'abord, peuvent

cependant s'expliquer en partie par l'influence de la forme des grains, qui se casent plus ou moins bien dans la mesure.

Les grains du blé de Pologne, de forme très allongée, laissent nécessairement plus de vide en tombant dans la mesure, que les grains du blé blanc de Russie, d'une forme ovoïde parfaitement déterminée.

Si l'on recherche les causes qui viennent encore influencer la densité et le poids apparent du litre, il faut tenir compte de l'état d'hydratation du grain.

Pour déterminer exactement la quantité d'eau contenue dans le blé, le grain, grossièrement pulvérisé, a été chauffé dans un bain d'eau bouillante, en même temps qu'il était soumis à un courant d'air sec.

La dessiccation n'était considérée comme définitive que lorsque le poids du tube en U, contenant le blé à dessécher, restait constant. Pour 20 grammes de blé, ce résultat était généralement obtenu après six ou huit heures, la quantité d'air sec circulant étant de 120 à 180 litres.

Dans les vingt échantillons de blé examinés, les variations pour la proportion d'eau se sont maintenues entre 12,20 et 16,51 comme limites extrêmes.

Cependant, chaque espèce de blé paraît s'assimiler une quantité d'eau normale, qu'il retient avec une *certaine affinité* dans les conditions atmosphériques ordinaires.

Si, après avoir desséché du blé dans l'air sec, on vient à l'exposer de nouveau à l'air libre, il reprend avec assez d'énergie la proportion d'eau qui lui a été enlevée.

Si, au contraire, on porte le grain dans une atmosphère saturée d'humidité, on verra qu'il tend ensuite à perdre très promptement à l'air l'eau absorbée en excès.

En commençant ces recherches, j'avais pensé qu'il serait possible d'augmenter ou de diminuer à volonté le poids d'un volume déterminé de blé, en lui faisant absorber de l'eau ou en le desséchant.

Cette pensée m'a fait entreprendre des expériences que je crois devoir consigner ici.

Dessiccation fractionnée des blés.

Blé Albert. — A l'état normal, ce blé contient 16,11 pour 100 d'eau : sa densité est de 1,398 ; le poids apparent du litre, 815,3.

Voici les variations que la densité et le poids apparent du litre de ce blé éprouvent en exposant les grains en couches minces au-dessus de l'acide sulfurique dans un vase fermé :

EAU POUR 100.	DENSITÉ.	POIDS APPARENT DU LITRE.
Blé normal. 16,11	1,398	815,3
Après perte d'eau fractionnée sur l'acide sulfurique.		
14,93	»	809,7
14,00	»	805,1
10,60	»	793,6
7,94	1,409	802,2
7,24	1,420	797,8

Blé blanc de Russie.

EAU POUR 100.	DENSITÉ.	POIDS APPARENT DU LITRE.
Blé normal. 15,0	1,378	816,0

Après perte d'eau fractionnée sur l'acide sulfurique.

EAU POUR 100.	DENSITÉ.	POIDS APPARENT DU LITRE.
14,19	»	806,3
11,98	1,390	802,6
11,12	»	801,2
8,55	1,391	804,4
7,70	1,400	803,1

Il résulte de l'examen de ces tableaux, que les deux blés soumis à une dessiccation fractionnée subissent des variations tout à fait analogues. La densité augmente toujours en même temps que la proportion d'eau diminue. Le grain éprouve en effet une contraction bien sensible; toutefois cette contraction du grain n'est pas proportionnelle à la quantité d'eau perdue, aussi le poids apparent du litre diminue-t-il sensiblement avec la perte d'eau.

Absorption de l'eau par les blés.

On a laissé séjourner du blé *spalding* en couche mince dans une atmosphère saturée d'humidité à la température de l'air.

Blé normal.

EAU POUR 100.	DENSITÉ.	POIDS APPARENT DU LITRE.
14,69	1,382	782,3

Après absorption d'eau.

EAU POUR 100.	DENSITÉ.	POIDS APPARENT DU LITRE.
15,82	»	773,1
16,96	1,375	771,1
19,29	1,360	739,0
31,17	»	671,9

L'absorption de l'eau par un blé normal ayant pour effet immédiat de gonfler le grain, on voit que la densité et le poids apparent du litre vont en diminuant à mesure que la proportion d'eau augmente.

Il n'était pas sans intérêt de savoir si un blé qui a absorbé une proportion d'eau supérieure à celle qu'il contient dans son état normal, reprend son volume primitif et son poids lorsque, par la dessiccation, on lui enlève cette proportion d'eau anormale.

Le blé ne retient d'ailleurs que très faiblement l'eau qu'on lui fait absorber en excès : deux journées d'exposition à l'air libre, en couche mince, ont suffi au blé *spalding* pour perdre exactement les 16,48 pour 100 d'eau qu'il s'était approprié pendant son séjour dans l'air humide.

Ce blé était donc revenu à son état normal pour la proportion d'eau ; cependant sa densité se fixe à 1,361, et le poids apparent du litre devient 740,5. Nous rappellerons que le grain normal possédait une densité de 1,382, et un poids apparent de 782,3.

Cette expérience montre que le grain modifié par une absorption d'eau accidentelle ne reprend pas son volume primitif par la dessiccation : il reste gonflé ; sa densité et le poids apparent du litre s'abaissent d'une manière très notable.

On sait que les blés récoltés par des temps de pluie sont généralement légers ; aussi éprouvent-ils une dépréciation très notable sur les marchés.

Il est vraisemblable que les blés fortement mouillés pendant leur récolte éprouvent la modification signalée dans l'expérience dont je viens de parler. Le grain se gonfle, et ne peut ensuite reprendre son volume normal malgré les soins qui lui sont donnés.

Une nouvelle expérience est venue confirmer ces observations.

420 grammes d'un blé blanc Richelle de Naples ont été arrosés et mouillés jusqu'à provoquer un commencement de germination.

Le grain pesait alors 540 grammes, et avait ainsi absorbé 28 pour 100 d'eau.

Après quatre jours de dessiccation à l'air libre, le poids du grain mis en expérience était de 420 grammes comme au début. Le grain a laissé dégager ainsi les 28 pour 100 d'eau absorbée accidentellement.

Revenu à son état d'hydratation normale, ce blé avait une densité de 1,327, le poids apparent du litre étant de 706,4.

Ce même grain, avant d'être mouillé, avait pour densité 1,381, et pour poids apparent du litre 801,10.

Un commencement de germination dans une récolte de blé compromise par les mauvais temps, est un fait qui se rencontre malheureusement trop souvent ; les blés récoltés à Écorchebœuf, dans notre exploitation, pendant la campagne de 1850, en offrent un exemple. Aussi le poids de l'hectolitre de ces grains ne dépassait-il pas 74^k,8, leur densité 1,350 étant aussi une des plus faibles.

On comprend toute l'importance qu'il y aurait à se renseigner exactement sur les proportions d'eau que contiennent les grains, quand il s'agit de grands approvisionnements pour les services publics. C'est une observation déjà signalée par les savants qui se sont occupés de cette intéressante question.

M. de Gasparin (1) démontre que 100 kilogrammes de blé peuvent valoir 25 francs ou 20 fr. 85 c., suivant la proportion d'eau contenue dans le grain.

Dans un mémoire très intéressant (2), M. Millon insiste particulièrement sur l'importance qu'il faut attribuer à l'hydratation des blés.

Il est à désirer que ces avis ne restent pas stériles.

On voit, par tout ce qui précède, que les plus grandes variations qui affectent la densité et le poids apparent du blé, dépendent presque exclusivement de la forme et du volume des grains.

Cependant, en appliquant le système généralement suivi dans les marchés, on arrive aux résultats pratiques que voici : Un blé d'une grande densité pourra être très notablement déprécié, si le poids de l'hectolitre est au-dessous de la moyenne ; mais on payera un prix plus élevé un blé *lourd*, sans même savoir que sa densité réelle est très faible.

Ce simple rapprochement suffit déjà pour montrer que l'on attribue trop de valeur au poids de l'hectolitre de blé.

Il nous reste maintenant à voir si les qualités alimentaires du grain sont en rapport, soit avec la densité, soit avec le poids apparent.

(1) *Cours d'agriculture*, t. III, p. 628
(2) *Annuaire de chimie*, 1849, p. 463.

Les recherches auxquelles se sont livrés les savants les plus distingués de notre époque ont établi le rôle important des matières azotées dans l'économie végétale et animale.

Dans les différentes parties de leur organisme, les végétaux contiennent, comme les animaux, des principes très riches en azote et qui présentent une composition tout à fait identique.

Ainsi les matières azotées du blé ne diffèrent en rien, quant à leur composition, de celles que l'on obtient du sang ou de la chair des animaux. Ces matières, d'origine et de nature si diverses, renferment invariablement 16 pour 100 d'azote.

C'est là un fait considérable, qui a été mis complétement en évidence par le beau travail de MM. Dumas et Cahours *Sur les matières azotées neutres de l'organisation* (1). Cependant l'extraction de cette *viande végétale* contenue dans les blés présente certaines difficultés, lorsqu'on veut en déterminer exactement les proportions.

Pour fixer comparativement la valeur nutritive des farines, M. Boussingault a même renoncé à en extraire directement le gluten et l'albumine, et il a pensé qu'on arriverait plus sûrement à la connaissance de ces principes azotés, en déterminant la proportion d'azote contenue dans les farines (2).

De son côté, M. Peligot, dans un important travail

(1) *Annales de chimie et de physique*, 3ᶜ série, t. VI, p. 385.
(2) Boussingault, *Économie rurale*, 2ᵉ édit., t. I, p. 434.

sur la composition des blés, a déterminé, avec beaucoup de soin, les matières azotées qu'ils contiennent (1).

La seule méthode qu'il considère comme exacte est celle qui consiste, comme l'a fait M. Boussingault, à calculer la proportion des matières azotées d'après la quantité d'azote qu'elles fournissent, en admettant, avec MM. Dumas et Cahours, que ces matières contiennent en moyenne 16 pour 100 d'azote.

La détermination directe de l'azote ne présente d'ailleurs plus de sérieuses difficultés, depuis que M. Peligot a réussi, avec tant de succès, à mettre entre les mains des chimistes un procédé d'analyse exacte et rapide, comme un essai alcalimétrique (2).

L'azote a donc été dosé directement dans les variétés de blés que j'ai eues à ma disposition, et j'ai ensuite établi par le calcul leur richesse en gluten et en albumine.

Une partie de mes analyses a été faite en recueillant l'azote à l'état gazeux, d'après la méthode de M. Dumas. Toutefois, pour chasser complétement l'air de l'appareil, je me suis servi, comme l'a indiqué M. Millon, d'un générateur d'acide carbonique sec, agissant de concert avec une pompe. Une précaution qui m'a bien réussi pour éviter tout mélange d'hydrogène, d'oxyde de carbone ou d'oxyde d'azote, est de faire suivre le cuivre métallique d'une colonne d'oxyde de cuivre en grenailles, de 20 centimètres environ, fortement chauf-

(1) *Annales de chimie et de physique*, 3ᵉ série, t. XXIX, p. 5.

(2) *Comptes rendus des séances de l'Académie des sciences*, t. XXIV, p. 550.

fée pendant la combustion. L'azote obtenu ainsi n'avait pas même l'odeur nitreuse habituelle; deux analyses d'un même blé s'accordaient toujours à moins de 1 millième.

Mais il faut bien reconnaître que cette méthode analytique est longue et pénible, car, pendant plusieurs heures, il faut maintenir à une température très élevée un tube qui n'a pas moins de 1 mètre de long; tandis que le procédé indiqué par M. Peligot donne d'une manière beaucoup plus rapide des résultats aussi rigoureusement exacts. Je m'en suis assuré, en analysant comparativement par les deux méthodes les mêmes variétés de blés.

Voici le tableau des analyses comparatives qui ont été faites dans le laboratoire de M. Peligot, au Conservatoire des arts et métiers, avec l'obligeant concours de M. J. Bouis :

| | 100 DE BLÉ SEC ONT DONNÉ : | |
| | AZOTE | |
NOMS DES BLÉS.	Mesuré à l'état de gaz.	Dosé à l'état d'ammoniaque au moyen de liqueurs titrées
Blé de la Charmoise.	1,87	1,81
Blé blanc anglais.	1,85	1,85
Pétanielle noire.	1,71	1,77
Blé Victoria de mars.	2,45	2,45
Blé Hérisson.	2,87	2,90

J'ai donc adopté avec une entière confiance, pour ces analyses, un procédé qui présente de si précieux avantages.

L'incinération des blés a été faite dans un fourneau à

moufle ; on brûlait dans une capsule de platine 4 ou 5 grammes de blé desséché. J'ai constaté que la cendre obtenue ne variait pas sensiblement de poids, soit qu'elle fût fondue à une température élevée, soit que l'on évitât la fusion en la maintenant au rouge sombre.

Je me suis surtout attaché à étudier des variétés de blés prises à des sources bien authentiques. M. L. Vil-morin a mis une obligeance toute particulière à me fournir les variétés les plus intéressantes de sa riche collection.

Plusieurs blés importés d'Angleterre, et cultivés dans mon exploitation, sont également au nombre de ceux qui ont été analysés.

Le tableau qui suit présente l'ensemble des expériences et des analyses :

En rapprochant les résultats des expériences résumées dans ce tableau, on voit que la proportion d'azote a varié de 1,71 à 2,87 pour 100. Ces variations correspondent, pour le gluten, à 10,63 et 17,93.

Si l'on cherche à établir la relation qui peut exister entre le poids apparent des diverses espèces de blés examinées et leur richesse en matières azotées, on trouvera qu'il n'en existe aucune. Ainsi le blé blanc de Russie, dont le poids apparent est de 816,0, contient 12,68 de gluten, exactement comme le blé récolté à Écorchebeuf en 1850, dont le poids n'est que de 748,8. Le blé de Pologne est un des plus riches en gluten ; il en contient 16,31 pour 100 : or, son poids apparent 746,2 est cependant un des plus faibles.

NOMS DES BLÉS.	BLÉ NORMAL.			100 DE BLÉ SEC contiennent :		GLUTEN ou albumine.	
	Densité.	Poids apparent du litre.	Eau pour 100 de blé.	Cendres.	Azote.		
		gr.					
Pétanielle noire (Poulard) demi-tendre..	1,290	739,6	14,10	2,14	1,71	10,68	Récolté à Verrières (Vilmorin).
Blé blanc anglais tendre.	1,347	767,4	14,47	1,88	1,88	11,75	Récolté par M. Crespel (Pas-de-Cal.).
Blé récolté à Écorchebœuf en 1850....	1,350	748,8	15,90	1,89	2,03	12,68	Mal récolté.
Blé de la Charmoise.	1,350	774,2	14,97	2,10	1,87	11,68	Envoi de M. Malingié.
Blé anglais, troisième année d'importat.	1,358	791,6	15,64	1,92	1,97	12,31	Récolté à Avrigny (Picardie).
Blé Barker's stiff straw importé en 1851.	1,371	793,3	16,51	1,88	1,83	11,43	Semé à Écorchebœuf en 1851.
Blé blanc de Russie récolté à Neufchâtel.	1,378	816,0	15,00	1,97	2,03	12,68	Envoi de M. Mabire (Seine-Infér.).
Blé Hérisson (blé de mars, demi-tendre), 1851.	1,380	795,6	13,48	2,19	2,87	17,93	Récolté à Bruyères, près d'Arpajon.
Blé Richelle de Naples, blanc, de mars, 1851.	1,381	801,1	14,13	2,11	2,23	13,93	Récolté à Vollerand (S.-et-Oise).
Blé Victoria de mars.	1,381	745,4	15,49	2,02	2,45	15,31	Des environs de Pontoise.
Blé spalding récolté à Écorchebœuf, 1851	1,382	782,3	14,69	2,03	1,98	12,37	Seine-Inférieure.
Blé Victoria récolté à Écorchebœuf, 1851	1,384	784,5	13,27	1,92	1,89	11,81	Seine-Inférieure.
Blé Xérès très dur.	1,384	803,6	13,60	1,91	1,94	12,12	Récolté à Bruyères, près d'Arpajon.
Blé rouge de Russie, 7e année d'import.	1,385	795,0	13,65	1,77	1,93	12,06	Récolté à Neufchâtel (Seine-Infér.).
Blé cultivé aux environs de Pontlevoy. .	1,388	775,0	12,81	1,61	2,00	12,50	Envoi de M. Malingié.
Blé triménia barbu de Sicile (de mars, dur), 1851.	1,390	803,0	14,25	2,11	2,20	13,75	Récolté à Verrières (Vilmorin).
Nonnette, ou géant de Sainte-Hélène, demi-dur, 1851.	1,391	799,8	13,11	1,98	2,09	13,05	Récolté à Bruyères.
Blé Richelle de Grignon (tendre).	1,396	805,8	14,11	1,87	1,99	12,44	
Blé Albert importé d'Angleterre en 1851	1,398	815,3	16,11	2,13	2,15	13,43	Semé à Écorchebœuf en 1851.
Blé de Pologne (très dur).	1,407	746,2	12,20	2,18	2,61	16,31	Récolté à Verrières (Seine-et-Oise).
Moyennes.	1,379	784,1	14,37	1,98	2,08	13,01	

En classant les vingt variétés de blés du tableau suivant leur richesse en matières azotées, on trouve que les dix premières contiennent, en moyenne, 11,86 pour 100 de gluten, le poids moyen de ces blés étant de 783,7.

La deuxième série des dix autres blés représente, en moyenne, 14,15 pour 100 de gluten, tandis que le poids moyen des blés reste à 784,62.

Ces expériences sont concluantes, et démontrent qu'il faut renoncer à chercher une relation entre le poids apparent des blés et leur valeur nutritive.

On remarquera, au contraire, que la densité des blés paraît augmenter assez généralement avec la proportion de matière azotée. La densité 1,290 correspond à 10,68 de gluten, et la densité 1,407 à 16,81. On pourrait citer, il est vrai, quelques exceptions; cependant, en prenant des moyennes, on trouve que pour six variétés de blés dont les densités sont comprises entre 1,347 et 1,378, la proportion moyenne de gluten est de 12,09; tandis que pour douze autres espèces de blés, dont les densités varient entre 1,380 et 1,398, la proportion moyenne du gluten s'élève à 13,40 pour 100.

Il existe donc une relation entre la valeur alimentaire des blés et leur densité : d'autres faits viennent confirmer cette observation.

Les blés durs et glacés présentent les plus fortes densités; ils contiennent aussi notablement plus de gluten que les blés tendres.

La qualité de ces blés durs les fait d'ailleurs rechercher sur certains marchés pour la confection des pâtes, telles que le macaroni et le vermicelle.

Pour la proportion des cendres, les plus grandes variations sont comprises entre 1,77 et 2,25 pour 100.

En cherchant à établir quelques rapprochements entre les qualités des différents blés et le résidu fixe qu'ils laissent par l'incinération, on remarquera que les blés les plus riches en gluten et les plus denses sont aussi ceux qui donnent le plus de cendres.

Il paraît donc exister une relation intime entre le résidu salin des blés et les principes azotés qu'ils renferment.

Les différentes espèces de blés possèdent, on le voit, des valeurs alimentaires fort différentes : c'est là un fait déjà bien établi par d'anciens et intéressants travaux, et confirmé par mes expériences.

Cependant on paraît peu disposé à se préoccuper, dans les transactions commerciales, d'établir le prix réel de l'un des produits qui servent de base à l'alimentation publique.

Supposons, par exemple, que l'on mette en vente le blé anglais n° VI du tableau, et le blé Hérisson récolté à Bruyères, près d'Arpajon. Les acheteurs donneront, sans hésiter, la préférence au blé anglais : son grain est tendre, bien nourri, très homogène de forme ; tandis que si l'on consent à acheter le blé Hérisson, on lui imposera certainement une dépréciation, parce que ce blé se présente en petits grains glacés, généralement mal développés et de peu d'apparence.

Cependant les expériences que nous allons mettre en regard de ces résultats pratiques prouvent que ce mode d'appréciation est tout à fait inexact et mal fondé, si l'on veut bien attribuer une certaine valeur aux proportions de gluten et d'eau contenues dans les blés.

Ainsi, 100 kilogrammes du blé anglais (*Barker's stiff straw*) contiennent 16^k,51 d'eau et 9^k,54 de gluten.

100 kilogrammes du blé Hérisson, récolté à Bruyères, près d'Arpajon, contiennent 13^k,48 d'eau et 15^k,51 de gluten.

Ces chiffres montrent que si l'on s'attachait à acheter la plus forte proportion possible de gluten, il faudrait 162^k,5 du blé anglais pour équivaloir à 100 kilogrammes de blé Hérisson.

En d'autres termes, si l'on fixait à 25 francs le prix des 100 kilogrammes de blé Hérisson contenant 15^k,51 de gluten, on devrait payer seulement 15 fr. 37 c. les 100 kilogrammes du blé anglais contenant 9^k,54 de gluten.

Mais il faut bien le reconnaître, ces utiles renseignements, quoique fondés sur l'expérience, auraient à lutter contre les exigences commerciales, et trouveraient peu de crédit sur les marchés.

Le consommateur exige, avant tout, qu'un bon blé fournisse une farine de première blancheur, et, par suite, un pain de *première qualité;* la blancheur des produits servant uniquement de base à leur valeur, la question de savoir si le blé renferme un peu plus ou un peu moins de principes nutritifs ne le préoccupe pas.

Aussi, par cette seule raison que les blés riches en gluten, ordinairement durs et glacés, donnent une farine moins blanche que les blés blancs à écorce tendre, ils sont moins appréciés.

C'est là, assurément, un préjugé mal fondé ; mais enfin, c'est un de ces préjugés populaires contre lesquels on ne peut rien. On aura beau prouver, par des expériences précises, que certains pains blancs de première qualité présentent une nourriture moins substantielle et moins réparatrice qu'un pain légèrement bis, le pain bis restera pour le consommateur un pain de *seconde qualité*, et ne sera recherché que par raison d'économie.

Dans certaines contrées de la France (je citerai le département de la Seine-Inférieure, qui passe, avec raison, pour un des plus riches), le pain est, pour ainsi dire, le seul aliment des populations rurales.

Un ouvrier robuste de nos campagnes consomme dans sa semaine de 9 à 10 kilogrammes d'un pain compacte, et il n'achète pas plus d'un demi-kilogram. de viande ; du poisson salé, du beurre, des œufs complètent son régime quand son état de fortune le lui permet, mais le pain reste toujours son principal aliment.

Il n'était pas sans intérêt de rechercher quelle influence pourrait avoir l'emploi d'un blé plus ou moins riche en gluten, pour préparer une pareille ration de pain. Voici le résumé des expériences entreprises dans ce but :

On a déterminé exactement la proportion d'eau que renferme ce pain de ménage, beaucoup plus compacte que celui fourni habituellement par les boulangers. Chacun de ces pains pèse ordinairement 6 kilogrammes, et se conserve assez frais pendant une quinzaine de jours.

Le pain préparé et cuit dans ma ferme contenait :

Après onze jours. . . . . . . 30,9 pour 100 d'eau.
Après sept jours. . . . . . . 31,6 »
Après vingt-quatre heures. . . 33,0 »

Moyenne des trois expériences, 31,8 d'eau pour 100 de pain.

Nous admettons qu'un homme de la campagne consomme par semaine 9 kilogrammes de ce pain ; mais cette ration se réduirait à $6^k,2$ (ou, en nombres ronds, à 6 kilogr.), si la substance alimentaire était parfaitement privée d'eau par une dessiccation à + 100 degrés.

Supposons que, pour faire son pain, le consommateur puisse se procurer, aux mêmes conditions, le blé anglais et le blé Hérisson.

Dans le premier cas, sa ration de 6 kilogrammes de pain contiendrait 108 grammes d'azote, soit 1,80 p. 100, comme le blé anglais ; dans le second cas, cette même ration de 6 kilogrammes de pain contiendrait 168 gram. d'azote, soit 2,80 pour 100, comme le blé Hérisson.

Pour donner à ces résultats toute leur signification, nous représenterons ces proportions d'azote à l'état de *viande;* et en admettant, d'après mes analyses, que la viande de bœuf contienne 3,50 pour 100 d'azote et 68,14 d'eau, nous dirons : 108 grammes d'azote représentent 3085 grammes de viande ; 168 grammes d'azote représentent 4800 grammes de viande. Différence en faveur du blé le plus riche en gluten, 1715 grammes de viande par semaine, soit 245 grammes par jour.

On voit que, dans les conditions indiquées, la ration alimentaire d'un homme se livrant à des travaux pénibles pourrait se trouver notablement améliorée, sans plus de dépenses pour lui, en sachant choisir, pour faire son pain, un blé riche en gluten.

Pour de grands approvisionnements, comme ceux de l'armée, on comprend l'importance de ces observations. Un biscuit préparé avec les blés les plus riches en *viande végétale* offrirait aux troupes une nourriture plus substantielle, sans exiger pour cela une augmentation dans les frais d'acquisition ou de transport. Ce serait là un avantage sérieux, surtout pour la marine : on l'obtiendrait facilement en donnant la préférence aux blés durs et glacés qui sont généralement plus riches en gluten que les autres variétés de blés. L'administration pourrait d'ailleurs s'éclairer d'une manière plus complète sur la richesse alimentaire des blés qui lui sont proposés, en faisant faire quelques analyses très simples. La valeur considérable des livraisons justifierait l'application d'une mesure qui ne présente pas d'objections sérieuses.

Deux grands intérêts se trouvent en présence dans l'important commerce des grains, celui du consommateur et celui du producteur. Nous venons d'exposer avec détail quel serait l'intérêt du consommateur : quant au producteur, dans les conditions qui lui sont faites aujourd'hui, il n'a aucun avantage à cultiver des variétés de blés qui ne deviennent riches en matières azotées qu'en appauvrissant notablement le sol, puisque sur les marchés on donne le prix le plus élevé aux blés blancs, qui contiennent en général une moins grande proportion d'azote.

Le rapprochement de quelques nombres tirés de nos analyses pourra éclairer l'agriculteur intelligent sur l'intérêt qu'il aurait à cultiver une variété de blé plutôt qu'une autre.

Nous admettrons que, pour deux variétés de blé qui donnent un égal rendement dans le même sol et dans les mêmes conditions de culture, la proportion d'azote pourra varier de 1,8 à 2,8 pour 100. Ces blés seront, par exemple, le blé anglais et le blé Hérisson, qui nous ont déjà servi de types.

Dans une exploitation où l'on récolterait 50 000 kilogrammes de grains (ou 600 hectolitres environ), la proportion d'azote enlevée au sol par la récolte du blé anglais serait de 782 kilogrammes ; cette proportion s'élèverait, au contraire, à 1217 kilogrammes pour le blé Hérisson. La différence de 435 kilogrammes d'azote qui existe entre les deux récoltes représente 87 000 kilogrammes de fumier de ferme contenant 0,5 d'azote pour 100, quantité plus que suffisante pour fumer 2 hectares de terrain.

Le prix de l'azote est chose trop importante dans une exploitation pour qu'il soit enlevé au sol sans profit pour l'agriculteur.

En résumé, tant que seront maintenues les conditions qui servent aujourd'hui de bases aux transactions commerciales, le producteur aura grand intérêt à livrer au consommateur les blés les moins riches en matières azotées.

On a souvent agité la question de savoir si le blé récolté dans un état plus ou moins avancé de maturité possède des propriétés alimentaires différentes.

La Société centrale d'agriculture de la Seine-Infé–

rieure avait chargé tout particulièrement plusieurs de ses membres d'étudier cette intéressante question. Notre savant collègue et ami M. Girardin a bien voulu mé confier le soin d'analyser des blés récoltés à divers degrés de maturité par deux agriculteurs distingués, membres de la Société.

J'ai résumé, dans le tableau suivant, les résultats de mes analyses :

ANALYSE DES BLÉS récoltés à différents états de maturité.	EAU POUR 100 de blé normal.	100 DE BLÉ SEC contiennent : AZOTE Trouvé.		Moyenne.	GLUTEN CALCULÉ.
		1.	2.		
Expérience n° I.					
Blé de l'espèce anglaise spalding, cultivé et récolté par M. Fauchet le 24 juillet 1852, grains en pâte molle	16,7	2,27	2,16	2,21	13,81
Même variété de blé coupé le 29 juillet 1852, grains commençant à faire farine.	16,4	2,33	2,29	2,31	14,43
Même variété de blé coupé le 6 août 1852, grains complétement résistants	16,2	2,23	2,23	2,23	13,93
Expérience n° II.					
Blé cultivé et récolté par M. Mésaize, dans un bon terrain, sablonneux, le 15 juillet 1852, grains en pâte molle	17,41	2,13	2,15	2,14	13,34
Même variété de blé coupé le 21 juillet 1852, grains déjà assez fermes	16,04	2,04	2,05	2.04	12,74
Même variété de blé coupé en parfaite maturité..........................	16,54	2,32	2,32	2,32	14,50

L'examen de ce tableau conduit à cette conclusion, que, dans les deux expériences, la quantité d'eau diminue à mesure que la maturité du grain augmente.

On remarque aussi certaines variations dans la proportion du gluten; mais elles sont peu importantes, et ne paraissent pas suivre une marche déterminée.

Dans l'expérience n° II, le grain arrivé à sa complète maturité contient le plus d'azote; dans l'autre expérience, cette conclusion ne se confirme pas.

J'ai d'ailleurs l'intention de compléter, par de nouvelles recherches, l'étude de ce sujet, qui offre un véritable intérêt.

Le blé récolté pendant l'année 1852 a présenté, dans presque toutes les localités, ce remarquable phénomène, qu'il était déjà mûr et bon à couper sans que le grain eût cependant atteint son entier développement; il est resté maigre et ridé, en sorte que la proportion du *petit blé* séparé par le crible était plus considérable qu'à l'ordinaire.

J'ai cru intéressant d'examiner si, dans une même variété de blé, les gros grains, parfaitement développés, ont la même composition que les grains maigres et ridés. Voici le résumé de ces expériences :

ANALYSE DE GRAINS choisis dans une même variété de blé.	EAU POUR 100 de blé normal.	100 DE BLÉ SEC contiennent : AZOTE Trouvé.		Moyenne.	GLUTEN CALCULÉ.	CENDRES.
		1.	2.			
Blé spalding, grains maigres et choisis, de la récolte de 1852........	17,9	2,48	2,48	2,48	15,50	2,25
Même blé, gros grains choisis, de la récolte de 1852...............	19,1	2,33	2,34	2,33	14,56	2,21
Blé Victoria, grains maigres choisis, de la récolte de 1852	16,8	2,43	2,45	2,44	15,25	2,18
Même blé, gros grains choisis, de la récolte de 1852...............	17,58	2,05	2,11	2,08	13,00	1,97
Blé Albert, grains maigres choisis, de la récolte de 1852...........	18,34	2,57	2,62	2,59	15,62	2,11
Même blé, gros grains choisis, de la récolte de 1852...............	18,70	2,36	2,35	2,35	14,68	2,08

Ces analyses montrent que, dans les trois variétés de blés examinés, les grains maigres contiennent notablement plus de gluten que les gros grains : ce fait ressort surtout pour la variété du *blé Victoria*, où une différence très marquée existait entre les grains maigres et les gros grains qui avaient atteint un degré de développement remarquable. Dans la variété du blé *spalding*, les grains étaient plus généralement maigres et ridés, aussi les différences sont-elles moins sensibles.

Ces faits portent à croire que, dans une certaine phase de leur croissance, les grains de blé contiennent une proportion égale de matières azotées, et il semble que, dans la dernière période de leur développement, la matière féculente vient s'ajouter peu à peu aux principes azotés : c'est ainsi que pourrait s'expliquer comment, dans une même variété de blé, le grain maigre contient, relativement à son poids, plus d'azote que le gros grain.

Quant à la proportion d'eau, elle reste notablement plus considérable dans les gros grains que dans les grains maigres.

Dans les exploitations rurales, le *petit blé* est généralement consacré à faire le pain nécessaire à la consommation des gens de la ferme. Nos expériences démontrent que cet usage se trouve être rationnel en même temps qu'économique, puisque le petit blé, composé presque exclusivement de grains maigres, contient moins d'eau et plus de matières azotées que les gros grains, dont la valeur marchande est d'ailleurs plus considérable.

On objectera peut-être qu'à l'épreuve de la meule, les

blés maigres rendront plus d'écorce, et une farine moins blanche et moins abondante que les gros grains très féculents. C'est là un fait que je n'ai pas encore été à même de constater directement.

Il serait cependant d'un grand intérêt de déterminer, par des expériences comparatives, les proportions de *farine* et d'*issues* qu'il est possible d'extraire des différents blés. Mais ce rendement en farine doit nécessairement varier pour la même espèce de blé, suivant que les moyens d'extraction sont plus ou moins parfaits. Les meules grossières de nos campagnes ne peuvent fournir des produits comparables, ni en qualité ni en quantité, à ceux des moulins perfectionnés. Il faut espérer que cette partie si importante de l'histoire du blé pourra être étudiée sur une assez grande échelle pour donner des résultats de quelque valeur.

Les Sociétés d'agriculture et les Conseils généraux ont été consultés sur la question de la vente des grains, soit au poids, soit au volume. Chacun de ces deux systèmes a trouvé ses défenseurs, et, après de nombreuses discussions, on continue à vendre aujourd'hui, sur les différents marchés, indistinctement au poids ou au volume. Un des plus graves inconvénients de cet état de choses est que, dans une même contrée, les systèmes les plus divers servent de base à la vente des grains. Ainsi, dans le département de la Seine-Inférieure, le *sac de blé* représente tantôt 2 hectolitres, tantôt 160, 165, 180 ou 200 kilogrammes, suivant qu'il est vendu sur un marché ou sur un autre.

Il en résulte une confusion d'autant plus grande, que

ces systèmes si différents sont mis en pratique dans des localités quelquefois très rapprochées.

Un calcul assez compliqué devient alors nécessaire pour établir la relation qui existe entre les prix cotés sur les différents marchés.

Le Gouvernement s'est déjà préoccupé de ces inconvénients; en prenant l'avis des Sociétés d'agriculture et des Conseils généraux, il avait sans doute pour but de s'éclairer sur l'opportunité de réglementer le commerce des grains, en établissant sur tous les marchés une base uniforme. Chacun apprécierait les avantages d'une pareille mesure.

En adoptant pour base la vente au poids, le Gouvernement ne ferait que réglementer ce qui se pratique chaque jour. La vente au volume, telle qu'elle s'opère aujourd'hui, n'est en réalité qu'une vente au poids, puisqu'en achetant un hectolitre de grain, on exige toujours qu'il pèse un poids déterminé, en sorte que pour fournir le poids qui lui est demandé, le vendeur est obligé de livrer beaucoup plus que la mesure. L'hectolitre, *avec son comble*, représente alors 110 litres et souvent même 115 litres de grain.

Si, d'un autre côté, on ne vend exactement que 100 litres de blé, on règle le prix en prenant pour base le poids du grain contenu dans la mesure.

Dans la pratique, le poids sert donc à régler le prix des grains : seulement, au lieu de prendre pour base une unité de poids, comme 100 kilogrammes par exemple, on adopte les poids les plus différents.

Il est bon de rappeler encore ici quelles difficultés se

présentent lorsqu'il s'agit de mesurer exactement un volume déterminé de grain. On sait aussi avec quelle habileté certains individus parviennent à mesurer le grain toujours à leur profit.

La vente au poids aurait donc encore cet avantage que la balance donne toujours des résultats certains et comparables.

J'ai cherché à savoir si le poids d'une mesure déterminée de grains pouvait donner d'utiles indications sur la valeur alimentaire de ce grain : je crois avoir démontré, par les expériences décrites dans ce mémoire, que l'on ne peut pas apprécier la qualité d'un grain d'après son poids apparent, puisque ce poids, qui dépend presque exclusivement de la forme du grain, n'est généralement pas en rapport avec sa densité réelle.

Il me paraît donc impossible d'admettre qu'il y ait un intérêt quelconque pour celui qui achète 100 kilogrammes de blé, à savoir le poids de l'hectolitre de ce même blé.

Pour les personnes expérimentées, le maniement et l'aspect du grain leur indiquent d'ailleurs avec certitude si le grain est convenablement préparé, et s'il ne contient qu'une quantité d'eau normale.

La vente au poids, en prenant une base uniforme, ne présente donc, suivant moi, aucun inconvénient sérieux ; elle remplacerait avec avantage un système mixte, qui amène une grande confusion dans le commerce des grains.

Je serais heureux si ces considérations, fondées sur des expériences précises, pouvaient aider à la solution d'une question qui intéresse vivement l'agriculture pratique, et qui, à ce titre, ne peut manquer de mériter l'intérêt de l'administration.

L'ensemble des faits contenus dans ce mémoire m'a conduit aux conclusions générales qui suivent :

CONCLUSIONS GÉNÉRALES.

Le poids d'un volume déterminé de blé dépend de la méthode suivie pour le mesurer, de la densité réelle des grains, de leur forme, enfin de leur état d'hydratation.

La densité réelle des grains n'est pas généralement en harmonie avec leur poids apparent : on peut trouver que la densité la plus élevée correspond à un des plus faibles nombres pour le poids apparent du litre ; d'un autre côté, un poids apparent très élevé peut correspondre à une densité au-dessous de la moyenne.

Les plus grandes variations que subit le poids apparent des blés doivent être attribuées, presque exclusivement, à la forme même du grain : ainsi le blé le plus lourd présentera une forme ovoïde ou globulaire homogène, ce qui permet aux grains de se placer plus également et en plus grande quantité dans la mesure.

La proportion d'eau dans les blés examinés varie entre 12 et 19 pour 100 comme limites extrêmes : chaque espèce de blé paraît s'assimiler une quantité d'eau normale, qu'il retient avec une certaine affinité dans les circonstances atmosphériques ordinaires. Par une dessiccation fractionnée, le grain éprouve une contraction sensible ; sa densité augmente, mais le poids apparent du litre diminue. En absorbant de l'eau, le grain se gonfle, la densité et le poids apparent du litre vont en diminuant. Le grain gonflé par une absorption d'eau accidentelle ne reprend pas son volume primitif par la dessiccation, son poids apparent et sa densité deviennent et restent très faibles.

La proportion de gluten a varié de 10,68 à 17,93.

Il n'existe aucune relation entre le poids apparent des diverses espèces de blés examinées et leur richesse en matière azotée.

La proportion de gluten paraît généralement augmenter avec la densité des blés.

Les blés durs et glacés présentent les plus fortes densités, et contiennent aussi plus de gluten que les blés tendres.

Les blés examinés ont donné de 1,77 à 2,25 de cendres ; on trouve généralement réunies dans le même blé, avec la plus grande proportion de cendres, la richesse en gluten et la plus forte densité.

En prenant pour base du prix des blés leur richesse en gluten, on devrait payer 25 francs ou 15 fr. 37 c. les 100 kilogrammes d'un blé, suivant qu'il contiendrait 15,51 de gluten, comme le blé Hérisson, ou 9,54, comme certain blé anglais.

En choisissant, pour faire son pain, un blé plus ou moins riche en gluten, l'ouvrier qui consomme environ 2 livres et demie de pain par jour, peut augmenter sa ration quotidienne d'une quantité de matière azotée correspondant à une demi-livre de viande de bœuf.

Dans les conditions qui servent aujourd'hui de bases

aux transactions commerciales, le producteur n'a aucun intérêt à livrer au consommateur des blés riches en matières azotées; ces variétés de blés, ordinairement durs et glacés, appauvrissent notablement le sol, et sont presque toujours dépréciées sur les marchés, parce qu'elles fournissent une farine un peu moins blanche que les blés blancs à écorce tendre.

L'analyse des blés récoltés à différents états de maturité montre que la quantité d'eau diminue dans le grain à mesure que la maturité augmente.

Il existe aussi une certaine variation dans les proportions de gluten contenu dans ces blés. Ces variations sont cependant peu importantes, et ne paraissent pas suivre une marche déterminée.

Dans une même variété de blé, les gros grains parfaitement développés contiennent plus d'eau et moins de gluten que les grains maigres.

Le poids de l'hectolitre de blé ne donnant que de très faibles indications sur la qualité du grain, la vente au volume ne présente que des inconvénients.

Le Gouvernement, en établissant la vente au poids sur une base uniforme, rendrait un véritable service à l'agriculture en faisant cesser la confusion qui existe aujourd'hui sur les marchés par l'emploi d'un système mixte.

EXPÉRIENCES

SUR LA PUTRÉFACTION

ET SUR

LA FORMATION DES FUMIERS.

(Janvier 1856.)

La décomposition spontanée des matières végétales et animales privées de vie, la fermentation, la putréfaction, sont les moyens puissants que la nature met sans cesse en œuvre pour dégager et rendre libres les éléments qui doivent, sous unenouvelle forme, concourir à la vie des végétaux et des animaux. Le carbone, l'hydrogène, l'oxygène, l'azote, ne se détachent des êtres désorganisés par la mort que pour rentrer de nouveau dans cet admirable système de circulation. C'est là un des plus grands phénomènes naturels que la science moderne a maintenant les moyens d'observer et de suivre dans ses différentes phases. Les fumiers, les terreaux, les houilles, les lignites, les tourbes, sont les produits fixes et immédiatement utiles de ces transformations qui, sous l'influence d'une décomposition lente, s'accomplissent chaque jour sur de grandes proportions, soit au contact de l'air, soit à l'abri de l'air, au sein même de la terre et des eaux.

D'un autre côté, des produits gazeux prennent naissance pendant la décomposition lente des matières organisées. L'étude et l'analyse de ces gaz fourniraient de précieuses indications sur la marche du phénomène de la putréfaction. Au nombre des questions intéressantes que soulève cette étude, se place en première ligne celle de savoir ce que devient l'azote des matières en voie de putréfaction ou de décomposition lente. L'azote contenu primitivement dans ces matières se retrouve-t-il tout entier sous forme de sels ammoniacaux, de nitrates, de produits azotés fixes, ou bien cet élément, devenant libre et prenant la forme gazeuse, retourne-t-il dans l'atmosphère ? Les expériences que j'ai l'honneur de soumettre aujourd'hui au jugement de l'Académie ont pour but d'apporter quelque lumière sur cette question.

La méthode expérimentale que nous avons adoptée avec M. Regnault pour nos recherches *Sur la respiration des animaux*, s'applique de tous points à l'étude du phénomène de la putréfaction. L'appareil décrit alors dans notre mémoire (1) remplit toutes les conditions convenables pour permettre d'observer jour par jour les progrès de cette désorganisation qui met en mouvement jusqu'aux dernières molécules de la matière.

Je rappellerai succinctement que cet appareil se compose de trois parties essentielles : 1° d'une cloche de verre dans laquelle on place la matière en voie de putréfaction ; 2° d'un condenseur de l'acide carbonique formé ; 3° d'un appareil qui remplace constamment l'oxygène

______

(1) *Annales de chimie et de physique*, 3ᵉ série, t. XXVI.

absorbé. Une masse de fumier ou de viande peut ainsi séjourner pendant plusieurs semaines dans un volume d'air limité, dans des circonstances telles, que le jeu même des appareils tend à ramener cet air à la composition de l'air normal.

Il est important de faire remarquer encore que les conditions de température et de pression peuvent être facilement réglées de manière qu'à la fin d'une expérience, au moment de procéder à la prise du gaz à analyser, l'air renfermé dans l'appareil présente rigoureusement le même volume qu'au commencement. On comprend que si, pendant la putréfaction d'une matière organique azotée, il ne s'absorbe que de l'oxygène, et s'il ne se dégage que de l'acide carbonique, l'air de la cloche présentera encore à la fin de l'expérience la composition de l'air normal ; si, au contraire, il y a dégagement d'azote, on trouvera dans cet air une quantité d'oxygène moins considérable : c'est d'ailleurs un fait que l'analyse eudiométrique décidera nettement.

PREMIÈRE SÉRIE D'EXPÉRIENCES.

Formation des fumiers, putréfaction de la viande au contact de l'air.

Expérience n° 1. — Dans la grande cloche de 40 litres, on a introduit une masse de fumier pesant environ 8 kilogrammes et disposée préalablement sous forme de pyramide dans un large vase de faïence. Ce fumier, peu consommé, se composait presque en totalité de crottin de cheval mélangé de débris de paille.

On a interposé plusieurs couches de craie dans la masse du fumier, qui a été en outre fortement arrosé avec de l'eau. Avant de commencer l'expérience, l'appareil, muni de ses différents tubes et robinets, était soumis à des épreuves donnant toute sécurité sur la solidité des fermetures ; puis un courant d'air rapide était établi dans la cloche au moyen d'une puissante machine pneumatique.

Durée de l'expérience, six jours ; volume de l'oxygène fourni, 39^{lit},5 ; air normal au début de l'expérience ; température, 14 degrés. 100 volumes de l'air recueilli à la fin contiennent :

Acide carbonique.	0,54
Oxygène	19,30
Azote	80,16
	100,00

On n'a pas trouvé de gaz combustibles.

L'azote en excès est de 1 pour 100.

Expérience n° 2. — Cette expérience, qui est la continuation et la suite de celle qui précède, commence immédiatement après la prise du gaz, l'air de la cloche contenant alors, comme nous venons de le dire : acide carbonique, 0,54 ; oxygène, 19,30 ; azote, 80,16.

Le volume de l'oxygène fourni est de 49^{lit},5 environ ; durée de l'expérience, dix jours ; température, 14 degrés. 100 volumes de l'air recueilli à la fin contiennent :

Acide carbonique	0,34
Oxygène	17,91
Azote	81,75
	100,00

On n'a pas trouvé de gaz combustibles.

L'azote en excès est de 1,59 pour 100.

Expérience n° 3. — Même masse de fumier ; aucun changement dans la disposition de l'appareil ; air normal au commencement de l'expérience ; température, 12 degrés. 100 volumes d'air recueilli à la fin contiennent :

Acide carbonique.	0,10
Oxygène.	18,20
Azote	84,70
	100,00

Durée de l'expérience, vingt-six jours ; volume de l'oxygène fourni, 103^{lit},4. On n'a pas trouvé de gaz combustibles.

L'azote en excès est de 2,6 pour 100.

Expérience n° 4. — Une nouvelle couche de fumier de cheval est disposée dans la grande cloche, de manière à laisser circuler l'air au centre même de la masse. Le poids du fumier est de 10 kilogrammes environ ; on ajoute une certaine quantité de craie délayée dans l'eau. Durée de l'expérience, vingt et un jours ; volume de l'oxygène fourni, 154 litres ; air normal au commencement ; température, 12 degrés. 100 volumes de l'air recueilli à la fin contiennent :

Acide carbonique.	0,72
Oxygène.	17,38
Azote	84,90
	100,00

On n'a pas trouvé de gaz combustibles.

L'azote en excès est de 2,8 pour 100.

Expérience n° 5. — Même masse de fumier ; aucun changement dans l'appareil ; air normal au commencement de l'expérience ; température , 22 degrés. 100 volumes de l'air recueilli à la fin contiennent :

Acide carbonique.	0,23
Oxygène	18,85
Azote	80,92
	100,00

On n'a pas trouvé de gaz combustibles. Durée de l'expérience, seize jours ; volume de l'oxygène fourni $51^{lit},40$.

L'azote en excès est de 1,8 pour 100.

Expérience n° 6. — Dans le grand appareil transporté à la campagne et monté à nouveau, on a disposé une couche de 10 kilogrammes environ d'un bon fumier de ferme mélangé de fumier de cheval et de mouton ; l'air pouvait circuler de toutes parts ; on avait ajouté, dans la masse du fumier, de la marne en petits morceaux. Durée de l'expérience, vingt-trois jours ; volume de l'oxygène fourni, environ 104 litres ; air normal au commencement de l'expérience ; température, 24 degrés. 100 volumes de l'air recueilli à la fin contiennent :

Acide carbonique.	0,39
Oxygène.	18,83
Azote	80,78
	100,00

On n'a pas trouvé de gaz combustibles.

L'azote en excès est de 1,7 pour 100.

Expérience n° 7. -- Dans une cloche de 8 litres environ de capacité, sont placées sur un petit bâti en bois, des tranches de viande de bœuf; entre ces tranches, on a interposé d'assez gros morceaux de craie. Le poids de la viande est de 1500 grammes. Durée de l'expérience, trente-trois jours; volume de l'oxygène fourni, 27$^{lit.}$,6; air normal au commencement de l'expérience; température, 15 degrés. 100 volumes de l'air recueilli à la fin contiennent :

Acide carbonique.	0,37
Oxygène.	12,37
Azote	87,26
	100,00

On n'a pas trouvé de gaz combustibles.

L'azote en excès est de 8,1 pour 100.

La viande était dans un état de putréfaction bien caractérisée; une coloration d'un vert livide s'étendait sur une grande partie de la masse devenue gluante; son odeur était infecte.

Expérience n° 8. — Pendant un mois après l'expérience n° 7, cette même viande, déjà putréfiée, a été abandonnée dans la cloche qui est restée mastiquée dans sa rainure. On a alors de nouveau monté l'appareil pour étudier les produits gazeux formés pendant cette période de putréfaction avancée.

Au moyen d'une forte pompe aspirante et foulante, on a fait circuler dans la cloche plus de 150 litres d'air. La masse de viande putréfiée se trouvait donc dans l'air normal au commencement de l'expérience.

La température fut maintenue à 23 degrés. 100 volumes de l'air recueilli à la fin contiennent :

Acide carbonique.	1,10
Oxygène.	16,83
Azote	82,07
	100,00

On n'a pas trouvé de gaz combustibles.

Durée de l'expérience, dix-sept jours; volume de l'oxygène fourni, 8 litres environ.

L'azote en excès est de 2,9 pour 100.

Expérience n° 9. — Dans un appareil en tout semblable à celui ayant servi à étudier la respiration des petits animaux et des insectes, on a placé 30 grammes de viande de bœuf coupée en longs filaments et disposée sur une espèce de gril en verre; l'air de l'appareil, dont le volume est de 900 centimètres cubes environ, peut ainsi circuler de toutes parts. Durée de l'expérience, douze jours; volume de l'oxygène fourni, 1025 centimètres cubes; air normal au commencement; température, 22 degrés. 100 volumes de l'air recueilli à la fin contiennent :

Acide carbonique.	0,13
Oxygène.	14,28
Azote	85,59
	100,00

On n'a pas trouvé de gaz combustibles.

L'azote en excès est de 6,5 pour 100.

La viande, entièrement putréfiée à la fin de l'expérience, avait pris une couleur noire, son odeur était fétide ; l'absorption de l'oxygène, très rapide dans les premiers jours de l'expérience, s'est ralentie peu à peu, au point de devenir presque nulle.

Expérience n° 10. — Dans la cloche de 8 litres, on a placé environ 5 kilogrammes d'un fumier de ferme très consommé et réduit à l'état de *beurre noir*. Un vase de verre à large ouverture contenait cette masse de fumier, très humide, très compacte et plongeant en grande partie dans l'eau.

Durée de l'expérience, sept jours ; volume de l'oxygène fourni, 6 litres ; air normal au commencement de l'expérience ; température, 25 degrés. 100 volumes de l'air recueilli à la fin contiennent :

Acide carbonique	0,43
Hydrogène protocarboné	7,14
Azote	92,43
	100,00

On n'a pas trouvé d'oxygène. L'hydrogène protocarboné analysé était parfaitement pur.

L'azote en excès est de 13,3 pour 100.

Expérience n° 11. — Même disposition dans l'appareil ; air normal au commencement de l'expérience ; température, 21 degrés. 100 volumes de l'air recueilli à la fin contiennent :

Acide carbonique	1,92
Oxygène	4,57
Hydrogène protocarboné	8,54
Azote	84,97
	100,00

Durée de l'expérience, neuf jours ; volume de l'oxygène fourni, 12 litres environ.

L'azote en excès est de 5,87 pour 100.

Expérience n° 12. — Même fumier, même disposition de l'appareil. Durée de l'expérience, neuf jours ; volume de l'oxygène fourni, environ 14 litres ; air normal au commencement de l'expérience ; température, 22°,5. 100 volumes de l'air recueilli à la fin contiennent :

Acide carbonique	2,35
Oxygène	2,64
Hydrogène protocarboné . .	1,55
Azote	93,46
	100,00

L'azote en excès est de 14,3 pour 100.

Des expériences qui précèdent, on peut tirer les conclusions suivantes :

Les matières organiques en voie de décomposition ou de putréfaction, au contact de l'air, absorbent une quantité considérable d'oxygène et produisent de l'acide carbonique.

La quantité d'oxygène qui a disparu étant exactement connue, et l'acide carbonique dégagé se dosant par l'analyse de la dissolution de potasse placée dans l'appareil condenseur, on peut déterminer rigoureusement le rapport qui existe entre la quantité d'oxygène consommée et la quantité d'oxygène employée à produire de l'acide carbonique.

L'acide carbonique produit pendant ces combustions

lentes contient au moins les 90 centièmes de l'oxygène consommé.

Dans l'expérience n° 4, le fumier de cheval absorbe 209 grammes d'oxygène. On retrouve 192 grammes de cet oxygène dans l'acide carbonique produit ; 17 grammes d'oxygène ont donc été employés autrement qu'à faire de l'acide carbonique. Ce qui donne pour 100 d'oxygène absorbé :

> 91,80 employés à faire de l'acide carbonique,
> 8,20 fixés autrement.
> ———
> 100,00

Dans l'expérience n° 7, pendant la putréfaction de la viande, on a trouvé que pour 100 d'oxygène absorbé il y en a eu 98,80 employés pour faire de l'acide carbonique, tandis que les autres produits de l'oxydation n'ont fixé que 1,19 d'oxygène.

Les sels ammoniacaux, les nitrates, les matières azotées fixes qui peuvent prendre naissance pendant la combustion lente ou la putréfaction des matières organiques azotées ne représentent pas tout l'azote contenu primitivement dans ces matières.

La formation des fumiers, la putréfaction de la viande, au contact de l'air, sont toujours accompagnées d'un dégagement très notable d'azote à l'état gazeux.

Aucun gaz combustible ne se produit lorsque la putréfaction s'effectue dans un milieu contenant une suffisante proportion d'oxygène.

La décomposition d'un fumier en partie plongé sous l'eau a donné lieu à un dégagement abondant d'hydrogène protocarboné et d'azote : en se reportant aux expériences qui ont fourni ces curieux résultats, on verra que l'air puisé dans la cloche ne contenait que peu ou point d'oxygène. Il est intéressant de voir que dans ce cas, l'azote peut encore se dégager à l'état de gaz.

Je ferai remarquer que dans toutes ces expériences j'ai eu soin d'ajouter des carbonates terreux pour faciliter la formation de nitrates, et que, néanmoins, le dégagement de l'azote l'a emporté de beaucoup sur la fixation de ce gaz, en admettant qu'elle ait eu lieu.

Dans une seconde série d'expériences, j'ai suivi l'étude de la putréfaction et de la formation des fumiers, à l'abri du contact de l'air, soit sous une couche d'eau, soit au sein d'une masse de terre. Je puis dire, dès à présent, que dans ces conditions, j'ai toujours observé un dégagement abondant d'hydrogène protocarboné et d'azote, à l'état gazeux.

Dans tous les cas, lorsqu'une matière organique azotée éprouve la décomposition putride, une partie de son azote se dégage à l'état d'azote gazeux. C'est là un fait qui me paraît maintenant tout à fait hors de doute et qui a son importance.

La pratique agricole devra en retirer un enseignement utile pour le meilleur emploi des fumiers qui, on le voit, perdent la plus grande partie de leurs éléments fertilisants par une fermentation trop longtemps prolongée.

Le cultivateur aurait un véritable intérêt à porter et à enfouir, le plus promptement possible, ses fumiers dans la terre. Il éviterait l'élévation de température qui, se développant au milieu de masses de fumier amoncelées, détermine de véritables combustions, et il ne laisserait pas ainsi amoindrir en pure perte la quantité et la richesse des engrais de son exploitation.

Dans une série de recherches entreprises en Angleterre pour décider si l'azote qui est à l'état gazeux dans l'air atmosphérique est directement assimilable par les végétaux, MM. Lawes, Gilbert et Pugh annoncent qu'ils ont fait de nombreuses expériences, dans le but de déterminer s'il y a émission d'azote pendant la destruction des matières organiques azotées.

Ces recherches, publiées le 21 juin 1860 dans les *Proceedings of the Royal Society*, sont reproduites dans l'ouvrage de M. Boussingault : *Agronomie, chimie agricole et physiologie* (t. II, p. 347).

Je tiens à transcrire ici quelques-uns des résultats obtenus par MM. Lawes, Gilbert et Pugh, et je le fais avec d'autant plus de plaisir, que ces résultats s'accordent entièrement avec ceux fournis par mes expériences personnelles, fondées sur une méthode tout à fait différente. Les chimistes anglais paraissent les avoir ignorées, quoiqu'elles aient été publiées en janvier 1856 dans les *Comptes rendus des séances de l'Académie des sciences*, t. XLII, p. 53.

« Dans la première série, comprenant six observations, du froment, de l'orge, de la farine de féverole, ont été mêlés séparément à de la pierre ponce, à de la terre calcinée, et abandonnés durant plusieurs mois à la décomposition dans un courant d'air, avec une disposition propre à recueillir l'ammoniaque émise et à la doser. Le résultat a été que, dans cinq cas sur six, il y a eu émission plus ou moins prononcée de gaz azote, s'élevant dans deux cas à 12 pour 100 de l'azote contenu dans la substance.

» La seconde série, comprenant neuf observations, a de même été faite avec du froment, de l'orge, des féveroles, le sol étant constitué comme précédemment par de la pierre ponce ou de la terre calcinée. Dans plusieurs cas, on a mis les graines entières, elles se sont développées, et les plantes, après leur mort, ont été abandonnées à la décomposition. Dans d'autres, on a fait usage de graines concassées ou moulues. On a continué ces expériences pendant plusieurs mois, pendant lesquels les matières ont perdu de 60 à 70 pour 100 de leur carbone. Dans huit expériences sur neuf, il y a eu émission d'azote libre s'élevant dans la plupart des cas à un septième ou un huitième, et dans un cas à 40 pour 100 de l'azote constituant de la substance. La décomposition de la matière organique a toujours été très complète, et la proportion de carbone perdu a été relativement uniforme. Il paraît d'après cela que si, dans de rares circonstances, il peut ne pas y avoir émission d'azote pendant la décomposition des matières organiques azotées, le plus ordinairement la perte peut être très considérable; c'est là, il faut le remarquer, un fait important, en ce qu'il touche à l'aménagement des fumiers dans les fermes. »

Ces conclusions sont, on le voit, absolument conformes à celles que j'ai déduites, moi-même, de mes expériences.

EXPÉRIENCES

SUR

L'ALIMENTATION ET L'ENGRAISSEMENT DU BÉTAIL.

(1857.)

En dehors des herbages et des pâturages, l'engraissement méthodique du bétail donne généralement peu de bénéfice à l'agriculture.

Les animaux nourris à l'étable payent difficilement, par leurs produits, les fourrages et les grains d'une grande valeur commerciale : aussi, le fumier obtenu sur place est-il trop souvent le solde d'une opération d'engraissement bien conduite.

C'est là un fait admis en pratique par beaucoup de cultivateurs intelligents, et je dois dire que j'ai eu le regret de le voir, de temps en temps, confirmé à mes dépens par les comptes de mon exploitation.

Cette production des fumiers sur place est assurément très nécessaire; mais il conviendrait d'établir sa valeur sans l'exagérer; il serait intéressant de voir si cette valeur est en rapport avec les chances de toutes sortes que supporte l'agriculteur qui entreprend de nourrir dans ses étables ou dans ses bergeries des animaux destinés à la boucherie.

De bons esprits sont frappés de cette pensée que l'animal à l'engrais doit recevoir le plus promptement possible une ration alimentaire supérieure à sa ration d'entretien ; ils admettent comme un principe que l'engraissement ne peut être avantageux qu'à la condition d'être mené très rapidement. Suivant ce principe, les animaux reçoivent donc, dès le début, d'abondantes rations de grains, de tourteaux, de fourrages.

J'ai moi-même pratiqué cette méthode, mais sans obtenir tous les avantages qu'elle semble promettre.

On ne tient pas, suivant moi, assez compte de cette loi physiologique qui tend à maintenir l'équilibre dans l'économie animale. Par les sécrétions, la nature s'oppose nécessairement à un engraissement trop rapide. Tandis que l'animal absorbe une ration alimentaire abondante, supérieure à sa ration d'entretien, ses différents organes ont pour fonctions d'éliminer les éléments de cette alimentation exagérée, et qui sans doute n'est pas en rapport avec la force d'assimilation, qu'on ne peut augmenter à volonté.

Pour arriver à bien apprécier toute l'influence de cette force de l'assimilation, pendant l'engraissement du bétail, on est tout naturellement amené à chercher un moyen d'établir un compte de balance entre les principes élémentaires mis en circulation pendant l'alimentation, les principes assimilés ou fixés, et les principes qui sont éliminés, soit à l'état d'excréments, soit à l'état de gaz, par la respiration.

Parmi les principes élémentaires qui se retrouvent dans les aliments, dans les excréments ou dans les tissus, l'azote est celui qui possède la plus grande valeur. Les engrais les plus azotés sont incontestablement les plus fertilisants, et c'est à leur richesse en azote qu'il faut attribuer le prix élevé des tourteaux et des grains.

On devait espérer trouver quelques indications utiles pour la pratique agricole, en étudiant pendant un temps assez long, les différentes transformations que l'animal à l'engrais fait subir aux matières azotées.

Les beaux travaux de M. Boussingault avaient ouvert la voie : je pouvais donc suivre cette voie avec confiance, et j'ai entrepris une série d'expériences dans le but de rechercher les conditions économiques de la production de la viande.

EXPÉRIENCES SUR LES MOUTONS.

Le vendredi 5 décembre 1856, on a pesé cinq moutons nés à la ferme au mois de mars 1855; ils avaient été choisis dans le troupeau aussi pareils que possible.

Ils étaient tous cinq produits d'un second croisement de la race de la Charmoise.

Le poids des cinq moutons était ensemble de 208 kil., soit en moyenne $41^k,600$ par tête.

Le mouton n° 60 pesait seul 40 kilog.
  —   n° 62   —   43
  —   n° 67   —   45
  —   n° 68   —   38
  —   n° 74   —   42
         ———
         208

Ces pesées ont été faites entre huit et neuf heures du matin, avant que les moutons aient reçu aucune nourriture. Les animaux étaient donc à jeun depuis la veille au soir.

Immédiatement après cette pesée, les trois moutons portant les n°ˢ 60, 67 et 71 ont été placés dans une petite bergerie disposée pour l'expérience.

Les deux moutons portant les n°ˢ 62 et 68 ont été abattus ce même jour à trois heures devant moi, à la ferme :

Voici quels ont été les produits de chacun de ces moutons après l'abatage :

Mouton n° 62.

		Pour 100 de poids vivant.
Poids vivant, 43 kilogrammes.		
Poids des quatre quartiers	20 ᵏ,500	47,67
Peau et toison avec pattes (sans tête).	5 200	12,09
Suif.	3 070	7,13
La tête	1 750	
Poumons , foie, cœur.	1 320	
Sang	1 500	

Mouton n° 68.

		Pour 100 de poids vivant.
Poids vivant, 38 kilogrammes.		
Poids des quatre quartiers	18 ᵏ,800	49,47
Peau et toison avec pattes (sans tête).	3 870	10,18
Suif.	2 250	5,92
La tête	1 720	»
Poumons , foie, cœur.	1 250	»

La moyenne des produits fournis par les deux moutons abattus est pour 100 de poids vivant :

Les quatre quartiers.	48,57
Peau et toison.	11,19
Suif.	6,52

En prenant pour base la moyenne des produits fournis par les deux moutons abattus le 5 décembre, on peut admettre que les trois moutons n°s 60, 67 et 71 mis en expérience auraient donné ce même jour :

	Mouton n° 60. Pois vivant : 40 kilogr.	Mouton n° 67. Poids vivant : 45 kilog.	Mouton n° 71. Poids vivant : 42 kilog.
Les quatre quartiers. . .	19^k,428	21^k,856	20^k,399
Peau et toison.	4 476	5 035	4 699
Suif.	2 608	2 934	2 738

Les moutons ainsi pesés ont été placés sans litière sur un carrelage parfaitement imperméable et convenablement disposé pour recueillir ensemble tous les excréments liquides et solides. Ces excréments *mixtes* ou mélangés étaient chaque jour pesés et analysés.

Une légère pente était combinée de manière à laisser couler facilement les urines dans un vase placé sous le carrelage, et ce carrelage était lui-même gratté quatre fois par jour avec une palette de fer pour rassembler les excréments solides et les réunir aux urines.

Les animaux ont pu rester ainsi pendant plus de cinq mois sans litière dans un état de propreté convenable.

D'un autre côté, les aliments donnés aux moutons étaient exactement pesés et analysés. On les déposait dans une profonde mangeoire de zinc pour éviter toute perte.

Avant de donner une nouvelle ration, on avait soin d'enlever les aliments non consommés. On pesait et on tenait compte de ces résidus de manière à établir le poids exact des aliments réellement absorbés.

Procédé analytique.

Pour éviter les lenteurs et les inconvénients de la dessiccation, toutes les analyses d'azote ont été faites en mêlant directement avec la chaux sodée des excréments mixtes en nature, bien mélangés et réduits à l'état de pâte dans un mortier de porcelaine.

La matière à analyser est placée dans un petit flacon à large ouverture bouché à l'émeri, dont on prend le poids; au moyen d'une spatule de platine on extrait ensuite du flacon la quantité de matière nécessaire pour l'analyse, et l'on procède à une nouvelle pesée. La différence entre les deux pesées donne le poids des excréments à analyser, que l'on divise au moyen de la spatule de platine dans la masse alcaline.

Ce mélange se fait très bien en disposant la chaux sodée dans un petit entonnoir de verre, dont l'orifice est bouché par un tampon d'amiante. Ce tampon cède ensuite très facilement en le poussant légèrement avec une tige de cuivre que l'on enfonce dans l'entonnoir, et le mélange tombe ainsi doucement dans le tube à combustion.

Comme les excréments en nature contiennent une très grande proportion d'eau, il est nécessaire, pour éviter l'absorption pendant la combustion, d'ajouter à la chaux sodée qui doit remplir le tube 1 gramme d'un mélange de sucre et d'acide oxalique à parties égales. Une production constante de gaz permanent rend alors la marche de l'analyse très régulière, et aucun accident n'est plus à craindre.

Pendant le mélange des excréments frais en nature avec la chaux sodée, il se dégage toujours une petite quantité d'ammoniaque; l'odeur en est sensible : il y a là une certaine perte qu'il ne paraît pas possible d'éviter en procédant de cette manière. Il m'a donc paru nécessaire de comparer les résultats analytiques fournis par cette méthode, avec ceux que l'on obtiendrait en procédant à la combustion par l'oxyde de cuivre, pour recueillir l'azote à l'état gazeux, suivant la méthode des volumes.

C'était le seul moyen de savoir si cette perte d'ammoniaque est ou non de quelque importance.

Les analyses qui suivent ont été faites dans ce but.

Comparaison des résultats fournis par les deux méthodes analytiques.

1° Excréments pesés le lundi 22 décembre 1856.
On a trouvé pour 100, excréments en nature :

> 0,866 azote, combustion par la chaux sodée.
> 1,047 azote recueilli à l'état de gaz.
> ———
> 0,151 différence entre les deux analyses.

2° Excréments pesés le mardi 23 décembre 1856.
On a trouvé pour 100, excréments en nature :

> 0,730 azote, combustion par la chaux sodée.
> 0,890 azote recueilli à l'état de gaz.
> ———
> 0,160 différence entre les deux analyses.

On voit, par la comparaison de ces résultats analytiques, que la méthode des volumes donne une proportion d'azote un peu supérieure à celle que fournit la méthode de combustion par la chaux sodée.

Toutefois la différence doit être au-dessous d'un millième, si l'on tient compte des difficultés que l'on éprouve à débarrasser l'azote gazeux de tout mélange de gaz nitreux.

En opérant avec un tube de 80 centimètres de longueur, et malgré son passage sur une longue colonne de cuivre métallique, le gaz obtenu dans les analyses qui précèdent avait une odeur nitreuse prononcée et se colorait même légèrement à l'air.

J'avais déjà remarqué plusieurs fois que les urines analysées à l'état liquide par l'oxyde de cuivre fournissent tout particulièrement des gaz nitreux.

J'admets donc qu'en procédant directement à l'analyse des excréments en nature par combustion avec la chaux sodée, en prenant les soins indiqués, on obtient des résultats aussi exacts que possible.

Cette méthode simple et facile a été appliquée à l'analyse des aliments secs ou humides.

Je rappelle que la proportion d'ammoniaque obtenue par la combustion des matières avec la chaux sodée est déterminée avec l'acide sulfurique titré et normal, ainsi que l'a indiqué M. Péligot (*Comptes rendus des séances de l'Académie des sciences*, t. XXIV, p. 550).

Pour s'assurer que le mélange de chaux sodée employée dans les combustions ne peut pas fournir de l'ammoniaque, on a brûlé 1 gramme de sucre blanc et d'acide oxalique mélangés à parties égales.

Avant la combustion, le titre des 10 centimètres cubes d'acide sulfurique normal était à 43,2.

Après la combustion, le titre est encore à 43,2.

Il n'y a donc pas eu d'ammoniaque formée pendant la combustion du mélange de sucre et d'acide oxalique avec la chaux sodée.

Enfin, pour montrer la concordance des résultats fournis par le procédé analytique, je consigne deux analyses d'un même échantillon d'excréments mixtes.

1re *analyse* : 2^{gr},212 excréments en nature ont donné 0,0098 azote; soit 0,444 azote pour 100.

2e *analyse* : 1^{gr},442 mêmes excréments ont donné 0,0072 azote; soit 0,505 azote pour 100.

La différence entre les deux analyses est donc seulement de 0,06 azote pour 100 de matières.

L'expérience, commencée le 5 décembre 1856 et prolongée pendant cent soixante-huit jours jusqu'au 21 mai 1857, est divisée en quatre périodes, afin de suivre mieux les résultats.

Première période.

La *première période* comprend quarante et un jours, du 5 décembre 1856 au 14 janvier 1857.

Le tableau suivant indique :

1° Le poids des excréments mixtes pesés chaque matin à huit heures ;

2° La quantité d'azote trouvée pour 100 d'excréments en nature ;

3° Le poids total de l'azote émis chaque jour dans les excréments;

4° Le poids des aliments consommés.

Première période, du 5 décembre 1856 au 14 janvier 1857.

DATES.	EXCRÉMENTS mixtes pesés chaque jour.	AZOTE pour 100 excréments en nature.	AZOTE émis chaque jour dans les excréments.	ALIMENTS CONSOMMÉS.			
				Betteraves cuites.	Avoine en grains.	Avoine moulue.	SON.
	Gram.		Gram.	Gram.	Gram.	Gram.	Gram.
Décemb. 5 1856.	»	»	»	4000	»	1000	»
				4000		1160	
6	5150	0,382	19,673	5000	»	1000	»
				3830		1200	
7	5580	0,580	32,364	5000	»	1000	»
				1930		190	
8	5090	0,474	24,126	540	»	210	»
				»		600	
9	2960	0,716	21,193	1390	»	350	»
				220		460	
10	3850	0,632	24,332	380	»	210	300
				1000		340	
11	3740	0,535	20,009	870	»	»	500
				570		310	
12	2460	0,661	16,260	660	»	530	600
				600	1000	50	
13	2780	0,803	22,323	1200	520	»	600
				310	640		
14	2430	0,718	17,447	700	200	»	480
				10	590		
15	2920	0,701	20,469	460	330	»	600
				100		280	
16	2180	0,710	15,478	1000	340	»	590
				410		180	
17	2940	0,916	26,930	1000	600	»	600
				290		30	
18	2520	0,773	19,479	650	200	»	600
				200		410	
19	1830	1,047	19,160	900	530	»	700
				800			
20	2270	0,825	18,727	1000	310	»	700
				960			
21	1920	0,870	16,723	1000	700	»	700
				1000			
22	2300	0,866	20,437	1200	750	»	750
				1000			
23	2680	0,730	19,564	1200	750	»	800
				1000			
24	2430	0,677	16,451	1200	785	»	800
				1000			
À reporter.	58090		391,145	48580	8245	9510	9220

DATES.	EXCRÉMENTS mixtes pesés chaque jour.	AZOTE pour 100 excréments en nature.	AZOTE émis chaque jour dans les excréments.	ALIMENTS CONSOMMÉS.			
				Betteraves cuites.	Avoine en grains.	Avoine moulue.	SON.
	Gram.		Gram.	Gram.	Gram.	Gram.	Gram.
Report.	58090		391,145	48580	8245	9510	9220
Décem. 25 1856.	2470	0,791	19,537	1200 1000	730	»	800
26	3080	0,739	22,776	1200 480	700	»	800
27	3240	0,863	27,980	1200 700	660	»	800
28	2700	1,026	27,726	1200 820	630	»	800
29	2540	0,892	22,656	680 1000	300	»	800
30	2550	0,670	17,105	980 630	550	»	800
31	1630	0,840	13,693	1080 500	580	»	800
Janvier 1 1857.	3290	0,555	18,269	850 580	600	»	800
2	2130	0,756	16,117	880 750	450	»	800
3	2140	1,008	21,577	1180 1000	450	»	800
4	1980	1,052	20,839	1200 730	615	»	800
5	2605	0,919	23,942	880 630	250	»	800
6	2910	0,666	19,380	1200 670	600	»	800
7	2340	0,983	23,018	1200 880	600	»	800
8	2480	1,004	24,911	1000 1000	410	»	800
9	2170	0,889	19,294	1200 830	410	»	800
10	3170	0,849	26,926	1200 760	580	»	800
11	2560	0,734	18,800	960 1000	360	»	800
12	2440	0,844	20,610	1200 1000	750	»	800
13	1930	0,737	14,241	730 800	620	»	800
14 à midi.	3490	0,717	25,047	700		»	
Totaux.	kil. 111,935		kil. 835,590	kil. 86,260	kil. 19,090	kil. 9,510	kil. 25,320

Analyses des aliments consommés pendant la première période.

	Azote pour 100.
Betteraves cuites à la vapeur.	
Données le 23 décembre.	0,123
— 24 id.	0,137
— 2 janvier.	0,210
— 7 id.	0,100
— 10 id.	0,110
— 13 id.	0,136
	0,816
Moyenne des six analyses.	0,136

Avoine en grains.

Échantillon moyen au 24 décembre.	1,624
Même échantillon (avoine moulue)	1,601
Échantillon moyen au 5 février.	1,690
	4.915
Moyenne des quatre analyses . . .	1,638

Son.

Échantillon moyen jusqu'au 23 décembre . .	2,165
Le même échantillon	2,080
id.	2,126
id.	2,370
Échantillon moyen jusqu'au 6 janvier. . . .	2,410
Le même échantillon	2,440
Échantillon moyen jusqu'au 23 janvier . . .	2,320
	15,911
Moyenne des sept analyses	2,274

On déduit de ces analyses que les aliments consommés contiennent 1161^{gr},876 d'azote :

86^k,260 betteraves cuites à 0,136 pour 100 d'azote
donnent. . . . . 117^{gr},313
25^k,320 son à 2,274 pour 100 d'azote donnent . . 575^{gr},523
28^k,600 avoine en grains ou moulue à 1,640 pour
100 d'azote donnent . . . . 469^{gr},010

Azote total des aliments. . . . . 1161^{gr},876

Pendant cette même période de quarante et un jours, du 5 décembre au 14 janvier, les trois moutons ont produit 111^k,935 d'excréments mixtes ; soit en moyenne 2730 grammes par vingt-quatre heures pour les trois moutons, ou 910 grammes pour un mouton.

On a trouvé par les analyses 835^{gr},590 azote dans les 111^k,935 d'excréments, ce qui donne une moyenne de 0,746 d'azote pour 100 d'excréments mixtes.

Chaque mouton éliminait donc 6^{gr},788 d'azote en vingt-quatre heures par ses excréments. 100 grammes d'azote à l'état de guano ou de tourteau ayant une valeur commerciale de 26 centimes, les 6^{gr},788 d'azote contenus dans les 910 grammes d'excréments fournis chaque jour en moyenne par un mouton, doivent figurer dans le compte d'engraissement pour un prix de 0^{fr},018.

En résumé, on trouve pendant cette première période de l'expérience pour trois moutons, en quarante et un jours :

Poids total de l'azote dans les aliments consommés. 1161^{gr},876
Poids de l'azote dans les excréments . . . . 835^{gr},590

Différence . . . . . . 326^{gr},286

Les excréments contiennent les 72 centièmes de l'azote ingéré dans les aliments ; les 28 centièmes qui constituent la différence de 326 grammes d'azote indiqués plus haut, doivent se retrouver dans les tissus animaux produits, à moins que cet azote n'ait été exhalé à l'état gazeux par la respiration.

Le doute ne paraît pas possible pour cette première période de l'expérience. Le poids des trois animaux a très sensiblement diminué, ainsi que l'indique le tableau des pesées faites le 24 décembre et le 14 janvier.

Une production de substance azotée ne pourrait s'expliquer avec une pareille diminution de poids, et il faut bien admettre que la respiration seule a éliminé à l'état gazeux les 326 grammes d'azote qui constituent les 28 centièmes de l'azote contenu dans les aliments.

Sans tenir compte du poids vivant perdu par les moutons, on trouve que la proportion d'azote exhalé serait donc de 326 grammes en quarante et un jours pour les trois moutons; soit $2^{gr},6$ d'azote ou 2 litres environ par mouton en vingt-quatre heures. Mais cette proportion d'azote exhalé a dû nécessairement s'augmenter encore par la perte de substance que les animaux ont éprouvée pendant cette période.

Poids des moutons au 14 janvier.

	N° 60.	N° 67.	N° 71.
Décembre 5. Commencement de l'expérience de 8 à 9 heures du matin.	$40^k,000$	$43^k,000$	$42^k,000$
Décembre 26. Vendredi, 8 heures du matin.	$40^k,000$	$42^k,000$	$36^k,000$
Janvier 14. Mercredi, 9 heures du matin.	$38^k,000$	$41^k,000$	$33^k,000$
Différence en perte.	$2^k,000$	$4^k,000$	$9^k,000$

On voit que depuis le commencement de l'expérience,

en quarante et un jours, les trois moutons avaient perdu ensemble 15 kilogrammes de leur poids vivant. Pour un seul de ces moutons, le n° 71, la perte s'élevait à 9 kilogrammes.

Ces indications si précises de la balance étaient d'ailleurs confirmées par l'aspect et le maniement des animaux : ils mangeaient sans se remplir, le flanc restait creux, la laine était *piquée;* il importait donc de changer au plus vite un régime qui amenait le dépérissement et une perte de substance.

On ne pouvait songer à augmenter la ration d'avoine en grains ou celle des betteraves cuites, puisque, pour ainsi dire, à chaque distribution, les moutons laissaient une partie assez notable de ces aliments. Le son était seul entièrement consommé, et je me proposais de l'augmenter, lorsque l'instinct des animaux me révéla ce qui manquait essentiellement à leur régime.

Le jour où on les conduisit à la balance, les moutons trouvèrent sur leur passage un lien de paille qui traînait dans la cour de la ferme. Ils se jettent, comme des affamés, sur cet aliment qui, ordinairement, leur paraît peu friand, et le lien de paille est dévoré en quelques instants.

En réfléchissant à cette révélation de l'instinct même des animaux, je n'ai plus hésité à introduire la paille dans la ration journalière. On lui attribue généralement une valeur nutritive presque nulle ; mais comme on le verra par le reste de ces expériences, elle joue cependant un rôle très important dans l'alimentation des ruminants.

Il ne suffit pas de fournir à ces animaux une nourriture riche en principes alimentaires, il faut encore que les rations contiennent des aliments occupant un certain volume, présentant certaines formes, pour remplir et *lester* les cavités dont se compose l'appareil digestif.

M. Boussingault avait appelé l'attention des praticiens sur l'importance du *lest* dans la composition des rations.

Mes expériences viennent confirmer de tous points ses intéressantes observations.

Deuxième période.

Dans cette seconde période de l'alimentation des moutons, les n°s 60 et 67 reçoivent régulièrement, chaque jour, outre les betteraves cuites, le son et l'avoine, deux distributions de menue paille de blé. A ce régime, les animaux regagnent en très peu de temps le poids qu'ils ont perdu, et leur engraissement s'opère progressivement.

Le troisième mouton, n° 71, était rentré dans la bergerie le 14 janvier avec le reste du troupeau. On a vu qu'il était dans un grand état de dépérissement, puisqu'il avait perdu 9 kilogrammes de son poids primitif. Les moutons avec lesquels il était en expérience l'avaient pris pour victime, ils lui donnaient de violents coups de tête, et lui arrachaient même la laine sur le dos. Le pauvre animal, soustrait à tous ces mauvais traitements et remis au seul régime d'entretien (paille et fourrage), n'a pas tardé à se rétablir.

Le 30 janvier, il avait repris 7 kilogrammes, et pesait seul 40 kilogrammes.

Du 14 janvier au 21 février, les deux moutons en expérience ont produit 142^k,190 grammes d'excréments mixtes, soit en moyenne, 3^k,742 grammes par vingt-quatre heures pour les deux moutons, ou 1871 grammes par mouton.

On a trouvé pour les analyses, 986^{gr},333 d'azote dans les 142^k,190 grammes d'excréments, ce qui donne une moyenne de 0^{gr},693 d'azote pour 100 d'excréments mixtes.

Chaque mouton éliminait donc 12^{gr},966 d'azote en vingt-quatre heures par ses excréments.

La valeur en argent de 1871 grammes d'excréments produits en vingt-quatre heures pour un mouton est de 0^{fr},034, en prenant pour terme de comparaison le prix du guano ou des tourteaux.

Suit le tableau qui donne le détail des pesées et des analyses faites pendant la deuxième période.

DATES.	EXCRÉMENTS mixtes pesés chaque jour.	AZOTE pour 100 excréments en nature.	AZOTE émis chaque jour dans les excréments.	ALIMENTS CONSOMMÉS.			
				Betteraves cuites.	Avoine en grains.	Son.	Menue paille.
	Gram.		Gram.	Gram.	Gram.	Gram.	Gram.
Janvier 14 1857.	»	»	»	600	500	600	300
15	1960	0,798	15,646	710 800	500	600	200
16	2330	0,806	18,796	1000 1000	500	600	200 200
17	2380	0,679	16,179	1000 1000	500	600	200 200
18	2640	0,680	17,960	1200 800	500	600	300 200
19	2680	0,721	19,328	1200 1000	500	600	300 200
20	2570	0,667	17,154	1200 1000	500	600	300 200
A reporter.	14560		105,063	12510	3500	4200	2800

DATES.	EXCRÉMENTS mixtes pesés chaque jour.	AZOTE pour 100 excréments en nature.	AZOTE émis chaque jour dans les excréments.	ALIMENTS CONSOMMÉS.			
				Betteraves cuites.	Avoine en grains.	Son.	Menue paille
	Gram.		Gram.	Gram.	Gram.	Gram.	Gram.
Report.	14560		105,063	12510	3500	4200	2800
Janvier 21 1857.	2640	0,585	15,467	1200	500	800	300
				1200			300
22	2820	0,669	18,880	1200	600	800	300
				1200			400
23	2930	0,771	22,602	1800	600	800	490
				1200			400
24	3140	0,718	22,573	1800	600	800	480
				1200			400
25	3290	0,651	21,421	1800	600	800	400
				1200			400
26	3830	0,717	27,480	1800	600	800	450
				1200			350
27	3900	0,750	29,269	2000	600	800	400
				1800			400
28	3860	0,659	25,449	2000	600	800	400
				1800			400
29	4270	0,719	30,722	2000	600	800	400
				1800			400
30	4260	0,664	28,316	2000	600	800	400
				1800			400
31	4160	0,898	37,373	2000	600	800	400
				2000			400
Février 1	4600	0,645	29,674	1750	800	800	400
				2000			400
2	3990	0,588	23,497	1850	800	800	400
				2000			400
3	4130	0,647	26,754	2000	800	800	400
				1950			400
4	4130	0,686	28,331	2000	800	800	400
				2000			400
5	4060	0,814	33,072	2000	800	800	400
				2000			400
6	4300	0,741	31,871	2000	800	800	400
				2000			400
7	3870	0,828	32,066	2000	800	800	400
				2000			350
8	4230	0,802	33,937	2000	800	800	400
				2000			400
9	4140	0,775	32,101	2000	800	800	400
				2000			400
A reporter.	91110		655,918	84060	17200	20200	15920

DATES.	EXCRÉMENTS mixtes pesés chaque jour.	AZOTE pour 100 excréments en nature.	AZOTE émis chaque jour dans les excréments.	ALIMENTS CONSOMMÉS.			
				Betteraves cuites.	Avoine en grains.	Son.	Menue paille.
	Gram.		Gram.	Gram.	Gram.	Gr am.	Gram.
Report.	91110		655,918	84060	17200	20200	15920
Février 10 1857.	3980	0,517	20,592	2000 2000	800	800	400 400
11	4130	0,622	25,717	1900 2000	800	800	400 400
12	3940	0,732	28,848	2000 2000	800	800	380 400
13	4190	0,658	27,591	2000 2000	800	800	390 400
14	4170	0,725	30,240	2000 2000	800	800	400 400
15	4130	0,733	30,285	2000 2000	800	800	400 400
16	4440	0,658	29,219	1960 2000	800	800	400 380
17	4570	0,628	28,717	2000 2000	800	800	380 400
18	4440	0,593	26,342	2000 2000	800	800	380 400
19	4080	0,640	26,136	2000 2000	800	800	390 400
20	4490	0,608	27,335	2000 2000	800	800	380 400
21	4520	0,650	29,393	2000 2000	880	800	400 400
Totaux.	kil. 142,190		kil. 986,333	kil. 131,920	kil. 26,800	kil. 29,800	kil. 27,700

Analyses des aliments consommés pendant la deuxième période.

Betteraves cuites à la vapeur.

	Azote pour 100.
Données le 17 janvier	0,150
— 21 id.	0,200
— 30 id.	0,210
— 4 février	0,210
— 7 id.	0,180

	Azote pour 100.
Données le 10 février	0,230
— 14 id.	0,140
— 18 id.	0,120
	1,440
Moyenne des huit analyses.	0,180

Avoine en grains.

Échantillon moyen, au 5 février	1,690
Même échantillon	1,650
Échantillon moyen, au 21 février	1,500
Même échantillon	1,530
	6,370
Moyenne des quatre analyses.	1,592

Son.

Échantillon moyen, au 23 janvier	2,320
Échantillon moyen, au 6 février	2,350
Le même échantillon.	2,380
Échantillon moyen, au 21 février.	2,340
Même échantillon	2,380
	11,770
Moyenne des cinq analyses.	2,354

Menue paille.

Échantillon moyen, jusqu'au 21 février	1,250
Même échantillon	1,320
Même échantillon	1,180
	3,750
Moyenne des trois analyses	1,250

On déduit de ces analyses que les aliments consommés pendant la deuxième période contiennent 1711^{gr},854 d'azote.

131^k,920 de betteraves cuites à 0,180 pour 100   Azote.
    d'azote donnent. . . . .   237^gr,456
26^k,800 d'avoine en grains à 1,592 pour 100
    d'azote donnent. . . . .   426^gr,656
29^k,800 de son à 2,354 pour 100 d'azote donnent.   701^gr,492
27^k,700 de menue paille à 1,250 pour 100 d'azote
    donnent.   346^gr,250
                                                    ____
        Azote des aliments. . . . .   1711^gr,854
        L'azote des excréments étant de. . . .   986^gr,333
                                                    ____
        On trouve pour différence. . . . . . .   725^gr,521

Les excréments contiennent les 57,7 centièmes de l'azote fourni par les aliments.

Poids des moutons.

1re PÉRIODE.

			N° 60.	N° 67.
Décembre	5.	Commencement de l'expérience, de 8 à 9 heures du matin. .	40^k,000	45^k,000
—	26.	Vendredi, 8 heures du matin .	40^k,000	42^k,000
—	14.	Mercredi, 9 heures du matin .	38^k,000	41^k,000

2e PÉRIODE.

Février	7.	Samedi, 9 heures du matin . .	43^k,000	45^k,000
—	20.	Vendredi, 8 heures du matin .	47^k,000	48^k,000

La comparaison du poids des moutons montre que pendant cette période de leur alimentation, les animaux, complétement restaurés, entrent dans une voie d'engraissement rapide.

Troisième période.

Du 22 février au 4 mai, les deux moutons ont produit 342^k,360 grammes d'excréments mixtes; soit, en moyenne, 4755 grammes par vingt-quatre heures pour les deux moutons, ou $2^k,377$ grammes par mouton.

En adoptant une moyenne de $0^{gr},635$ d'azote, pour 100 d'excréments, déduite des analyses faites du 15 au 21 février et du 5 au 9 mai, on trouve que les $342^k,360$ grammes d'excréments devaient contenir $2^k,174$ gram. d'azote.

Chaque mouton éliminait donc $15^{gr},097$ d'azote en vingt-quatre heures par les excréments.

La valeur argent des $2^k,377$ grammes d'excréments produits en vingt-quatre heures pour un mouton est de $0^{fr},039$, en prenant pour terme de comparaison le prix du guano ou des tourteaux.

DATES.	EXCRÉMENTS. mixtes pesés chaque jour.	ALIMENTS CONSOMMÉS.			
		Betteraves cuites.	Avoine en grains.	Son.	Menue paille.
	Gram.	Gram.	Gram.	Gram.	Gram.
Février 22...	3550	2000	800	800	380
1857.		2000			400
23	3870	2000	800	800	400
		2000			380
24.........	4310	2000	800	800	400
		2000			370
25.........	3780	2000	800	800	400
		2000			360
26.... ...	4250	2000	800	800	400
		2000			400
27.........	4280	2000	800	800	400
		2000			400
28.........	4300	2000	800	800	400
		2000			380
Mars 1.........	3880	2000	800	800	400
		2000			400
2	4130	2000	800	800	400
		2000			360
3.........	3930	2000	800	800	400
		2000			400
4.........	4150	3000	1000	1000	400
		2000			400
A reporter......	44430	45000	9000	9000	8630

DATES.	EXCRÉMENTS mixtes pesés chaque jour.	ALIMENTS CONSOMMÉS.			
		Betteraves cuites.	Avoine en grains.	Son.	Menue paille.
	Gram.	Gram.	Gram.	Gram.	Gram.
Report...	44430	45000	9000	9000	8630
Mars 5.........	4140	3000 2000	1000	1000	360 400
1857. 6	4550	3000 2000	1000	1000	400 330
7........	5090	3000 2000	1000	1000	350 360
8.........	4500	3000 2000	1000	1000	350 360
9........	4240	3000 2000	1000	1000	330 350
10........	4770	3000 2000	1000	1000	360 350
11.........	5210	3000 2000	1000	1000	330 350
12........	4480	3000 2000	1000	1000	350 360
13........	4860	3000 2000	1000	1000	370 280
14........	5050	3000 2000	1000	1000	330 350
15	5060	3000 2000	1000	1000	350 330
16..........	5120	3000 2000	1000	1000	350 210
17........	4650	3000 2000	1000	1000	370 330
18........	4910	3000 2000	1000	1000	340 350
19........	4900	3000 2000	1000	1000	360 300
20........	5640	3000 2000	1000	1000	260 210
21........	4400	3000 2000	1000	1000	270 200
22........	4810	3000 2000	1000	1000	250 nulle
23........	4820	3000 2000	1000	1000	310 200
24........	4510	3000 2000	1000	1000	250 200
25........	4400	3000 2000	1000	1000	250 220
À reporter.....	144540	150000	30000	30000	21630

DATES.	EXCRÉMENTS mixtes pesés chaque jour.	ALIMENTS CONSOMMÉS.			
		Betteraves cuites.	Avoine en grains.	Son.	Menue paille.
	Gram.	Gram.	Gram.	Gram.	Gram.
Report...	144540	150000	30000	30000	21630
Mars 26........	4930	3000 2000	1000	1000	320 210
1857. 27........	5000	3000 2000	1000	1000	300 230
28	5190	3000 2000	1000	1000	230 110
29........	4470	3000 2000	1000	1000	160 160
30........	4340	3000 2000	1000	1000	210 200
31........	4700	3000 2000	1000	1000	310 170
Avril 1........	4560	3000 2000	1000	1000	270 230
2........	4670	3000 2000	1000	1000	210 200
3........	5460	3000 2000	1000	1000	280 230
4........	5300	3000 2000	1000	1000	250 230
5........	5090	3000 2000	1000	1000	250 220
6........	4850	3000 2000	1000	1000	250 230
7........	4930	3000 2000	1000	1000	300 210
8........	4990	3000 2000	1000	1000	180 200
9........	4860	3000 2000	1000	1000	230 220
10........	4750	3000 2000	1000	1000	260 160
11........	4760	3000 2000	1000	1000	220 220
12........	4710	3000 2000	1000	1000	230 270
13........	4910	3000 2000	1000	1000	240 230
14........	4470	3000 2000	1000	1000	300 150
A reporter...	241480	250000	50000	50000	30610

DATES.	EXCRÉMENTS mixtes pesés chaque jour.	ALIMENTS CONSOMMÉS.			
		Betteraves cuites.	Avoine en grains.	Son.	Menue paille.
	Gram.	Gram.	Gram.	Gram.	Gram.
Report . . .	241480	250000	50000	50000	30610
Avril 15	4910	3000 2000	1000	1000	290 200
1857. 16	4890	3000 2000	1000	1000	280 230
17	4990	3000 2000	1000	1000	240 220
18	5120	3000 2000	1000	1000	340 240
19	5540	3000 2000	1000	1000	320 170
20	4820	3000 2000	1000	1000	310 220
21	4610	3000 2000	1000	1000	250 150
22	5100	3000 2000	1000	1000	210 210
23	4950	3000 2000	1000	1000	200 210
24	4950	3000 2000	1000	1000	280 260
25	4690	3000 2000	1000	1000	270 250
26	5300	3000 2000	1000	1000	220 150
27	4670	3000 2000	1000	1000	200 190
28	4800	3000 2000	1000	1000	200 190
29	4840	3000 3000	1000	1000	260 180
30	4970	3000 2830	1500	1000	230 30
Mai 1	6020	3000 2550	1500	1500	100 20
2	5270	2010 1700	1500	1500	100 nulle
3	5340	2450 2750	1500	920	190 80
4	5100	3000 2000	1500	1000	180 50
	kil.	kil.	kil.	kil.	ki.
Totaux	342,360	351,290	72,500	70,570	38,460

Analyses des aliments consommés pendant la 3ᵉ période.

Betteraves cuites à la vapeur.

Moyenne générale de toutes les analyses 0,160

Avoine en grains.

Azote pour 100.

Avoine noire et blanche, du 22 février au 31 mars. 1,650
Le même échantillon. 1,650
Avoine en grains, du 1ᵉʳ avril au 4 mai 1,640
Le même échantillon. 1,700
                                                     ———
                                                     6,640

Moyenne des quatre analyses 1,660

Son.

Échantillon de son donné du 22 février au 31 mars. 2,208
Le même échantillon. 2,200
id.   2,250
id.   2,350
id.   2,260
id.   2,350
                                               ————
                                               13,618

Moyenne des six analyses. 2,269

Menue paille.

Moyenne générale de toutes les analyses. 1,220

Ces données de l'analyse conduisent aux résultats numériques consignés dans le résumé qui suit.

kil.

351,290 de betteraves cuites contenant 0,160 pour 100 d'azote donnent . . . .   Azote. 562^{gr},064

72,500 d'avoine contenant 1,660 pour 100 d'azote donnent. . . . . 1203^{gr},500

70,370 de son contenant 2,269 pour 100 d'azote donnent. . . . . 1601^{gr},233

38,460 de menue paille à 1,22 pour 100 d'azote donnent. . . . . 469^{gr},212
                                                       ————————
Azote des aliments. . . . . 3836^{gr},009
Azote des excréments . . . . 2174^{gr},000
                                        ————————
Différence . . . . , 1662^{gr},009

Les excréments contiennent les 56,67 centièmes de l'azote fourni par les aliments.

Poids des moutons.

1re PÉRIODE.

		N° 60.	N° 67.
		kil.	kil.
Décembre 5. Commencement de l'expérience de 8 à 9 heures du matin. .		40,0	45,0
— 26. Vendredi, 8 heures du matin.		40,0	42,0
— 14. Mercredi, 9 heures du matin.		38,0	41,0

2e PÉRIODE.

	N° 60.	N° 67.
Février 7. Samedi, à 9 heures du matin. .	43,0	45,0
— 20. Vendredi, à 8 heures du matin .	47,0	48,0

3e PÉRIODE.

	N° 60.	N° 67.
Février 28. Samedi, 7 heures du matin. . .	47,0	48,0
Mars 7. Samedi, 7 heures 1/2 du matin.	49,0	51,0
— 14. id. 7 heures 1/2 —	51,0	52,0
— 21. id. 7 heures 1/2 —	53,0	52,0
— 28. id. 7 heures 1/2 —	53,0	52,0
Avril 4. id. 7 heures 1/2 —	54,0	53,0
— 11. id. 7 heures 1/2 —	55,0	53,0
— 18. id. 7 heures 1/2 —	56,0	53,0
— 25. id. 7 heures 1/2 —	56,0	54,0
Mai 2. Samedi, 7 heures du matin. . . .	58,0	56,0

On voit que dans cette troisième période, l'engraissement des animaux a été continu et progressif; chaque pesée indique généralement une nouvelle augmentation de poids.

Le mouton n° 60 a gagné. . . . . 11 kil.
Le mouton n° 67. 8

Ensemble . . . . 19 kil.

Pour produire ces 19 kilogrammes de poids vivant, les animaux ont consommé en soixante-douze jours :

		Azote
351^k,290 de betteraves cuites contenant . .		562^{gr},064
72^k.500 d'avoine contenant		1203^{gr},500
70^k,570 de son contenant		1601^{gr},233
38^k,460 de menue paille contenant. . . .		469^{gr},212
Azote		3836^{gr},009

L'alimentation a donc mis en circulation 3^k,836 gram. d'azote pour produire 19 kilogrammes de poids vivant; ce qui donne une proportion de 202 grammes d'azote dans les aliments pour un accroissement de 1 kilogramme de poids vivant.

Si l'on donne leur valeur commerciale aux aliments consommés pendant les soixante - douze jours, on trouve une dépense totale de 27 francs 30 centimes, se décomposant ainsi :

350 kilogr. betteraves, à 1 fr. 20 les 100 kil.	4 fr. 20 c.
72 — d'avoine, à 14 fr. les 100 kil . .	10 »
70 — son, à 16 fr. les 100 kil.	11 20
38 — menue paille pour.	1 90
	27 fr. 30 c.

Il convient de déduire de cette dépense la valeur argent des excréments produits : on a trouvé que dans cette période, cette valeur des excréments était de 4 centimes par jour pour un mouton, soit 5 francs 75 centimes pour les deux moutons pendant soixante-douze jours.

Déduction faite du fumier produit, le chiffre de la dépense se trouve donc réduit à 21 francs 55 centimes pour obtenir 19 kilogrammes de poids vivant, et le prix de 1 kilogramme de poids vivant ressort à 1 franc 13 centimes.

Il est bon toutefois de remarquer que dans la période choisie pour obtenir ce prix de revient d'un kilogramme de poids vivant, les animaux bien lestés se trouvaient déjà dans les meilleures conditions de régime et d'assimilation.

Quatrième période.

Du 5 mai au 22 mai, fin de l'expérience, les deux moutons ont produit $90^k,100$ grammes d'excréments mixtes.

Soit, en moyenne, 5005 grammes par vingt-quatre heures pour les deux moutons, ou 503 grammes par mouton.

On a trouvé par les analyses $457^{gr},688$ d'azote dans les $90^k,100$ grammes d'exréments, ce qui donne une moyenne de 0,507 d'azote pour 100 des excréments mixtes.

Chaque mouton éliminait donc $12^{gr},690$ d'azote en vingt-quatre heures par ses excréments.

La valeur argent de $2^k,503$ grammes produits en vingt-quatre heures pour un mouton est de $0^{fr},033$, en adoptant toujours pour base du calcul le prix du guano ou des tourteaux.

Tableau des pesées et analyses faites pendant la quatrième période.

DATES.	EXCRÉMENTS mixtes * pesés chaque jour.	AZOTE pour 100 excréments en nature.	AZOTE émis chaque jour dans les excréments.	ALIMENTS CONSOMMÉS.			
				Betteraves cuites.	Avoine en grains.	Son.	Menue paille.
	Gram.		Gram.	Gram.	Gram.	Gram.	Gram.
Mai 5 1857.	5740	0,621	35,645	3000 2000	1500	1000	130
6	5270	0,633	33,359	2650 2000	1500	1000	180
7	4970	0,649	32,255	3000 2000	1500	1000	220
8	5570	0,600	33,420	3000 2000	1500	1000	30
9	5220	0,461	24,064	3000 2000	1500	1000	40
10	5100	0,446	22,746	3000 2000	1500	1000	110
11	5170	0,414	21,403	3000 2000	1500	1000	Refusée
12	5040	0,416	20,966	3000 2000	1500	1000	30
13	5090	0,435	22,141	3000 2000	1500	1000	Refusée
14	5390	0,468	25,225	3000 2000	1500	1000	50
15	5060	0,462	23,377	3000 2000	1500	1000	40
16	4790	0,542	25,961	3000 2000	1500	1000	30
17	4940	0,546	26,972	2680 2000	1500	1000	70
18	4680	0,466	21,808	2630 2000	1500	1000	40
19	4940	0,532	26,280	3000 2000	1500	1000	Refusée
20	5090	0,435	22,141	2700 2000	1500	1000	»
21	4990	0,489	24,401	Fin de l'expérience.			
22	3050	0,509	15,524				
TOTAUX.	kil. 90,100		gr. 457,688	kil. 78,660	kil. 24,000	kil. 16,000	970

* Excréments très liquides.

Analyses des aliments consommés pendant la quatrième période.

	Azote pour 100.
Betteraves cuites à la vapeur.	
Moyenne générale de toutes les analyses. . .	0,160
Avoine en grains.	
Avoine donnée du 5 mai au 20 mai	1,720
Même échantillon	1,710
	3,430
Moyenne des deux analyses. . . .	1,715
Son.	
Échantillon moyen, du 1er avril au 20 mai. .	2,350
	2,350
	4,700
Moyenne de deux analyses	2,350
Menue paille.	
Moyenne générale de toutes les analyses. . .	1,220

Les analyses qui précèdent ont fourni les éléments du tableau suivant :

	Azote.
78^{k},660 betteraves cuites centenant 0,160 pour 100 d'azote donnent.	125^{gr},856
24^{k},000 avoine contenant 1,715 pour 100 d'azote donnent.	411^{gr},600
16^{k},000 son contenant 2,350 pour 100 d'azote donnent.	376^{gr},000
970 grammes menue paille contenant 1,20 pour 100 d'azote donnent	11^{gr},640
L'azote des aliments de la 4e période est de.	925^{gr},096
Celui des excréments	457^{gr},688
Différence.	467^{gr},408

Les excréments contiennent les 49,47 centièmes de l'azote fourni par les aliments.

Le tableau qui suit donne le poids des moutons pen—
dant toute la durée de l'expérience.

	N° 60.	N° 67.	N° 71.
	kil.	kil.	kil.
Décembre 5. Commencement de l'expé-rience, de 8 à 9 h. du matin.	40,0	45,0	42,0
Décembre 26. Vendredi, 8 heures du matin.	40,0	42,0	36,0
Janvier 14. Mercredi, 9 heures du matin.	38,0	4,10	33,0

2e PÉRIODE.

	N° 60.	N° 67.
	kil.	kil.
Février 7. Samedi, à 9 heures du matin.	43,0	45,0
— 20. Vendredi, à 8 heures du matin. . . .	47,0	48,0

3e PÉRIODE.

Février 28. Samedi, 7 heures du matin. . .	47,0	48,0
Mars 7. Samedi, 7 heures 1/2 du matin.	49,0	51,0
— 14. id. 7 heures 1/2 —	51,0	52,0
— 21. id. 7 heures 1/2 —	53,0	52,0
— 28. id. 7 heures 1/2 —	53,0	52,0
Avril. 4. id. 7 heures 1/2 —	54,0	53,0
— 11. id. 7 heures 1/1 —	55,0	53,0
— 18. id. 7 heures 1/2 —	56,0	53,0
— 25. id. 7 heures 1/2 —	56,0	54,0
Mai. 2. id. 7 heures du matin . . .	58,0	56,0

4e PÉRIODE.

Mai. 9. Samedi, à 7 heures 1/2 du matin.	59,0	55,0
— 19. Mardi, à 7 heures 1/2 —	58,0	58,0
— 20 Mercredi, à 7 heures 1/2 —	59,0	58,0
— 21. Jeudi, à 8 heures du matin (fin de l'expérience).	59,0	59,0
— 22. Vendredi, les moutons ont été abattus.		

L'expérience est terminée le 21 mai, et les moutons
sont abattus en ma présence, à la ferme, le lendemain,
après vingt-quatre heures de jeûne.

Le mouton n° 60, pesant vivant 59 kilogrammes, a donné après la mort :

	kil.	Pour 100 de poids vivant.
Quatre quartiers	25,600	43,4
Suif	5,700	9,6
Peau et toison	8,000	13,5

Au commencement de l'expérience, le 5 décembre, ce même mouton pesait vivant 40 kilogrammes ; l'augmentation de poids a donc été de 19 kilogrammes.

Le mouton n° 67, pesant vivant 59 kilogrammes, a donné après la mort :

	kil.	Pour 100 de poids vivant.
Quatre quartiers	26,840	45,5
Suif	8,700	14,7
Peau et toison	6,600	11,2

Au commencement de l'expérience, le 5 décembre, ce même mouton pesait 45 kilogrammes ; l'augmentation de poids a donc été de 14 kilogrammes.

On se rappelle que j'ai cherché à établir par analogie, au commencement de l'expérience, le poids des quatre quartiers, suif, peau et toison de chaque mouton ; il est intéressant de rapprocher les données fournies alors par le calcul, des données fournies directement par la pesée, après la mort.

Mouton n° 60.

	Commencement de l'expérience.	Fin de l'expérience.	Différence.
Poids vivant	40 kil.	59 kil.	19 kil.
	kil.	kil.	kil.
Quatre quartiers	19,428	25,600	6,172
Peau et toison	4,476	8,000	3,524
Suif	2,608	5,700	3,092
			12,788

Mouton n° 67.

	Commencement de l'expérience.	Fin de l'expérience.	Différence.
Poids vivant.	45 kil.	59 kil.	14 kil.
	kil.	kil.	kil.
Quatre quartiers . . .	21,856	26,840	4,984
Peau et toison. . . .	5,035	6,600	1,565
Suif	2,934	8,700	5,766
			12,315

En examinant les chiffres contenus dans ces tableaux, on remarque que, pour une augmentation de poids vivant de 19 kilogrammes, le mouton n° 60 n'avait donné que 12^k,8 de produits utiles, tandis que le mouton n° 67 avait donné 12^k,3 de ces mêmes produits pour une augmentation de poids vivant s'élevant à 14 kilogrammes.

Il y a là une anomalie qu'il convient de signaler en cherchant à l'expliquer.

Pour connaître la proportion des produits utiles formés pendant l'alimentation, j'ai dû admettre comme base de comparaison le poids déduit, par analogie, au commencement de l'expérience, afin d'établir ce que chaque mouton contenait alors de viande, de suif, de peau et toison. On comprend que cette base, qui doit se rapprocher beaucoup de la vérité, peut cependant présenter quelques incertitudes. Mais je suis disposé à croire que l'écart observé, en comparant l'augmentation de poids vivant et les produits formés pendant l'engraissement, tient aux quantités plus ou moins grandes d'excréments ou d'aliments en voie d'élaboration que renfermait l'appareil digestif des animaux, soit au commencement, soit à la fin de l'expérience.

On n'a pas tenu compte du poids de ces matières, dont la proportion varie nécessairement suivant l'aptitude de chaque animal à conserver plus ou moins de lest dans son estomac.

Connaissant d'une manière à peu près absolue le poids des produits formés pendant l'engraissement des deux moutons, nous devons rechercher la quantité d'azote que représente chacun de ces produits.

La viande des moutons a été analysée à l'état de nature.

Une première analyse donne 3,34 d'azote pour 100 de viande.
Une deuxième   —   3,36   —

  Moyenne 3,35

L'échantillon de viande analysée avait été pris au centre de la noix d'une côtelette.

Laine du mouton n° 60, le jour de sa mort :

Première analyse. 9,42 d'azote pour 100 de la laine en nature.
Deuxième   id.   9,72   —

  Moyenne. . . 9,57

Laine du mouton n° 67 le jour de sa mort :

Première analyse. 7,87 d'azote pour 100 de la laine en nature.
Deuxième   id.   8,01   —

  Moyenne . . . 7,94

On voit que la laine des deux moutons présente une proportion d'azote très notablement différente.

On a recherché l'azote du *suif* de mouton.

Une première analyse donne　0,33 d'azote pour 100 de suif.
Une deuxième　　id. . . . .　0,30　　　　　—
　　Moyenne. . . . .　0,32

Le suif analysé avait été pris autour du rognon. Après
en avoir détaché un fragment dans la partie la plus
épaisse, il a été divisé autant que possible, en le hachant
avec un couteau. Une légère membrane se trouvait ainsi
mélangée avec la matière grasse.

En appliquant les données analytiques qui précèdent
aux divers produits obtenus pendant l'engraissement
des deux moutons, on trouve :

Mouton n° 60.

		gr.
6172 gram. de viande contiennent.	206,762 d'azote.
3524　—　de laine à 9,57 pour 100. . .	337,246
3092　—　de suif à 0,32 pour 100	9,900
6212　—　excréments ou aliments non digé- rés dans l'estomac, à 1 p. 100.	62,120

19000 gr. augmentation en poids vivant. Ensemble. 616,028

Mouton n° 67.

		gr.
4984 gram. de viande à 3,55 p. 100 contiennent.	166,964
1565　—　de laine à 7,94 pour 100.	124,261
5766　—　de suif à 0,32 pour 100.	18,451
1685　—　excréments ou aliments, non digérés, dans l'estomac, à 1 pour 100. . .	16,850

14000 gr. augmentation en poids vivant. Ensemble. 326,526

gr.

Produits du mouton n° 60 616,028

Produits du mouton n° 67. 326,526

Ensemble. . . . . . . 942,554 azote.

Les divers produits fournis par les deux moutons pendant la durée de l'expérience contiennent donc ensemble 942^{gr},554 d'azote.

Pour chacune des périodes de l'expérience, nous avons établi la différence existant entre l'azote contenu dans les aliments et l'azote contenu dans les excréments.

Voici le relevé de ce compte de balance pour l'ensemble des quatre périodes :

gr.

Première période, au 14 janvier (pour 2 moutons). 218,0

Deuxième période, au 21 février (id.). 725,5

Troisième période, au 4 mai (id.). 1662,0

Quatrième période, au 20 mai (id.). 467,4

Excédant total de l'azote fourni par les aliments. . . . 3072,9

L'azote fixé dans les divers produits étant de 942^{gr},554, il faut admettre que 2130 grammes d'azote ne se retrouvent, ni dans les excréments, ni dans les principes fixes de l'organisme.

Cet azote a été nécessairement exhalé sous forme gazeuse par la respiration.

Cette quantité d'azote exhalé paraît tout d'abord considérable, et l'on serait tenté de juger ce résultat comme inadmissible. Mais il faut se rappeler que l'expérience a duré cent soixante-huit jours et, d'un autre côté, il faut encore faire remarquer que les deux moutons avaient éprouvé une perte très notable de substance pendant la première période de leur alimentation : cette perte de substance était de 6 kilogrammes ; pour la récupérer, l'organisme a dû fixer une certaine proportion d'azote dont on n'a pu tenir compte, et je pense me rapprocher beaucoup de la vérité, en admettant que, sur 6 kilogrammes de substance, 3 kilogrammes constituent de la chair musculaire renfermant environ 105 grammes d'azote, à déduire des 2130 grammes.

L'azote exhalé à l'état gazeux par la respiration serait ainsi 2025 grammes pour deux moutons pendant cent soixante-huit jours, soit 12 gram. en vingt-quatre heures, ou 6 grammes en vingt-quatre heures pour un mouton soumis à un régime très riche en matières azotées.

Je rappellerai que dans un *Mémoire sur la respiration*, publié en 1849 (1), nous avons démontré, M. Regnault et moi, que les animaux des diverses classes dégagent constamment de l'azote, quand ils sont à l'état d'entretien : la proportion de ce gaz exhalé est aussi considérable que celle qui vient d'être déduite par la méthode indirecte.

D'ailleurs, pour ne laisser aucun doute sur ce fait, j'ai entrepris une série d'expériences, dans le but d'étudier directement la respiration de divers animaux de la ferme ; ces expériences trouveront place dans ce recueil. Je me bornerai à dire que j'ai trouvé $5^{gr},4$ d'azote exhalé en vingt-quatre heures pour une brebis à la ration d'entretien, et $4^{gr},3$ pour un mouton dans les mêmes conditions. Je tenais à signaler la concordance

---

(1) *Annales de chimie et de physique*, 3ᵉ série, t. XXVI.

remarquable des résultats obtenus par deux méthodes d'observation tout à fait différentes.

M. Boussingault avait déjà reconnu ce fait intéressant, que les animaux exhalent par la respiration une portion de l'azote contenu dans les aliments : en soumettant pendant plusieurs jours une vache et un cheval à une alimentation réglée, dont il connaissait rigoureusement la quantité et la composition chimique, en pesant et analysant avec le plus grand soin toutes les déjections solides et liquides, ce savant observateur a trouvé 23 grammes d'azote exhalé en vingt-quatre heures par le cheval, et 27 grammes dans le même temps par la vache (1).

Un porc de neuf mois a exhalé 4^{gr},4 d'azote en vingt-quatre heures.

Dans une expérience faite sur le mouton, un savant danois, M. Jorgensen, a trouvé 1^{gr},3 d'azote exhalé en vingt-quatre heures.

Cette dernière proportion me paraît faible, mais elle peut tenir au régime ou à l'aptitude particulière de l'animal.

De son côté, M. Barral a fait, en juillet 1849, trois expériences sur le mouton (2). En suivant la méthode de M. Boussingault, il a trouvé successivement 2^{gr},89, 9^{gr},38 et 6^{gr},19 d'azote exhalé en vingt-quatre heures pour un animal dont les aliments et les excréments ont été exactement pesés et analysés pendant un espace de temps qui a varié de quatre à cinq jours.

(1) Boussingault, *Économie rurale*, 2e édition, t. II, p. 383.
(2) *Statique chimique des animaux*, publiée en 1850, p. 311.

Je résume les autres faits consignés dans mes recherches.

Pour 100 d'azote mis en circulation par les aliments :

58,3 se retrouvent dans les excréments.
13,7 se retrouvent dans les produits fixes, viande, suif, toison.
28,0 sont exhalés par la respiration.
——
100,0

Ces chiffres représentent les moyennes obtenues pendant toute la durée de l'alimentation.

Dans la première période de l'alimentation, on a retrouvé dans les excréments les 72 centièmes de l'azote contenu dans les aliments.

Dans la deuxième période, les excréments ne contiennent plus que les 57,7 centièmes de l'azote des aliments.

Dans la troisième période, la proportion se fixe à 56,67, pour arriver à 49,47 dans la quatrième période.

La force de l'assimilation, quant à l'azote, a donc augmenté très notablement et d'une manière progressive dans les trois dernières périodes.

Le tableau suivant présente la proportion d'azote et la valeur en argent des excréments mixtes fournis pendant vingt-quatre heures par un mouton à l'engrais.

	Excréments mixtes en 24 heures.	Azote émis.	Valeur en argent.
	gr.	gr.	fr.
Première période. . .	910	6,70	0,018
Deuxième période. . .	1871	12,96	0,034
Troisième période. . .	2377	15,00	0,039
Quatrième période . .	2503	12,70	0,033

J'ajoute ici, comme renseignements, les analyses faites pour déterminer les quantités d'eau que contenaient les excréments mixtes recueillis à différentes époques de l'engraissement.

On a desséché, dans l'étuve à 100°, 20 gram. des excréments mixtes ; voici les résultats de ces dessiccations

Dessiccation des excréments mixtes.

		Eau pour 100.	Résidu pour 100.			Eau pour 100.	Résidu pour 100.
Décembre	6.	85,88	14,12	Janvier.	30.	71,50	28,50
	7.	82,70	17,30		30.	71,50	28,50
	8.	87,86	12,14	Février	5.	67,75	32,25
Janvier	2.	82,78	17,22		5.	67,64	32,36
	2.	82,73	17,22		12.	70,78	29,22
	9.	82,50	17,50		12.	70,90	29,10
	9.	81,88	18,12		17.	72,00	28,00
	15.	76,90	23,10		17.	72,15	27,85
	15.	78,03	22,97	Mai. .	19.	79,82	20,18
	21.	76,70	23,30		20.	79,25	20,75
	21.	76,63	23,37		21.	79,43	20,57

On voit que dans les excréments mixtes, la proportion d'eau a varié de 67,64 à 85,88 comme limites extrêmes.

Le prix d'un kilogramme de poids vivant, produit pendant l'expérience, revient à 1^{fr},13 dans les meilleures conditions d'assimilation et d'engraissement.

Pour obtenir cet accroissement de 1 kilogramme de poids vivant, les moutons ont absorbé une quantité d'aliments dosant 202 grammes d'azote.

Je n'ai pas la prétention d'avoir trouvé, dans cette expérience, les conditions les plus économiques de la production de la viande. Privés de fouiller les fourrages et la paille dans les râteliers, mes animaux n'étaient pas tout à fait placés dans les conditions normales, et l'on a vu qu'après une première période d'essai, j'avais dû complétement modifier un régime qui amenait le dépérissement.

Les indications qui ressortent d'observations scientifiques inspirent généralement peu de confiance aux agriculteurs praticiens : je ne pouvais partager une si injuste méfiance, et j'ai immédiatement appliqué à l'engraissement fait dans mes bergeries les principes que ces études sur l'alimentation mettent en évidence.

Je repousse tout d'abord un système d'engraissement trop rapide qui n'est pas en rapport avec la force d'assimilation des animaux.

Je condamne, comme inutile et trop onéreux, l'usage des grains et des tourteaux dès le début de l'engraissement.

Avant de donner des aliments riches en azote, grains ou tourteaux, il importe de bien *lester* le bétail avec une nourriture abondante, mais d'un prix peu élevé.

Une ration composée de betteraves, ou mieux encore de pulpes de betteraves, avec de la paille à discrétion, m'a toujours parfaitement réussi pour amener, soit des moutons, soit des bêtes de race bovine, à un état tel, qu'une très petite quantité de grains suffisait ensuite pour terminer l'engraissement.

En suivant cette méthode, j'obtiens de bons animaux de boucherie, payant leur nourriture, et laissant encore quelques bénéfices à la fin de l'opération.

Pour justifier cette pratique agricole adoptée depuis plusieurs années dans mon exploitation, j'ai cru utile de publier, à la suite de mes expériences, une série de comptes d'engraissement qui portent avec eux leur enseignement.

VALEUR ALIMENTAIRE COMPARÉE

DE LA

BETTERAVE CRUE, DE LA BETTERAVE CUITE

ET DES PULPES DE BETTERAVES

FOURNIES PAR LES DISTILLERIES AGRICOLES.

Depuis que la culture de la betterave se répand, depuis que cette précieuse racine est devenue la matière première d'industries annexées avec avantage aux exploitations rurales, on s'est posé souvent la question de savoir quelle valeur alimentaire il faut attribuer, soit à la betterave naturelle, contenant tous ses principes sucrés, soit aux résidus privés de sucre que fournissent les sucreries ou les distilleries.

La betterave, sous toutes les formes, a trouvé des partisans exclusifs : les uns déclarent que cette racine cuite à la vapeur procure l'engraissement le plus rapide, le plus avantageux ; les autres préfèrent la betterave crue; d'autres enfin vont jusqu'à proclamer que les principes sucrés sont nuisibles, ou tout au moins inutiles pendant l'alimentation : suivant eux, la pulpe privée de sucre vaut la betterave ou vaut mieux que la betterave.

L'établissement d'une distillerie agricole sur mon exploitation devait m'amener nécessairement à faire quelques expériences comparatives sur une question si intéressante et si vivement débattue.

Au mois de novembre 1856, j'ai composé trois lots de cinq moutons chacun.

Ces moutons, nés à la ferme et produits d'un premier croisement *south-down*, étaient âgés de vingt-trois mois ; on les a choisis aussi semblables que possible.

Composition du lot n° 1 pesé le 18 novembre 1858.

Numéros d'ordre.	Poids.
	kil.
70	44,400
90	45,000
96	43,800
93	42,000
102	46,400
Ensemble	221,600

Composition du lot n° 2 pesé le 18 novembre 1858.

Numéros d'ordre.	Poids.
	kil.
121	42,500
79	48,700
119	43,100
114	45,300
116	45,100
Ensemble	220,700

Composition du lot n° 3 pesé le 18 novembre 1858.

Numéros d'ordre.	Poids.
	kil.
109	47,500
115	43,700
108	45,500
86	42,900
117	40,500
Ensemble	220,100

Ces lots ont été installés dans une vaste bergerie, chacun dans un compartiment distinct; une galerie intérieure permettait de faire commodément le service des mangeoires et des râteliers sans troubler les animaux.

On pesait régulièrement, chaque jour, la nourriture, en tenant compte des aliments non consommés. Pour être sûr que la betterave distribuée aux trois lots de moutons, sous des formes différentes, présentait une composition homogène, on prenait au coupe-racines de la distillerie de la betterave crue, et celle destinée à la cuisson, au moment où l'on chargeait le cuvier de macération qui devait fournir la pulpe donnée aux moutons du lot n° 2. Cette pulpe provient de la macération à la vinasse, suivant le système Champonnois adopté sur mon exploitation.

On donnait invariablement aux trois lots une même quantité de son et de menue paille; les rations de betteraves et de pulpes étaient réglées d'après l'appétit des animaux, que l'on observait chaque jour, en tenant compte des résidus laissés dans les mangeoires.

Les tableaux qui suivent indiquent le poids de la consommation totale pour chaque lot de moutons, déduction faite des résidus pendant les cent soixante-six jours que dure l'expérience.

Poids des aliments consommés.

LOT N° 1. — RÉGIME DES BETTERAVES CRUES.

Dates.	Betteraves crues en kilogr.	Menue paille en kilogr.	Son en kilogr.
Pour 10 jours, au 27 novembre 1858.	190,40	11	5
10 id. au 7 décembre....	208,35	10	10
10 id. au 17 décembre....	182,50	10	10
10 id. au 27 décembre....	165,80	10	10
10 id. au 6 janvier 1859..	160,50	10	10
10 id. au 16 janvier.....	170,40	10	10
10 id. au 26 janvier.....	176,55	10	10
10 id. au 5 février.....	186,20	10	10
10 id. au 15 février.....	177,60	10	10
10 id. au 25 février.....	202,50	10	10
10 id. au 7 mars......	206,30	10	10
10 id. au 17 mars......	196,75	10	10
10 id. au 27 mars......	216,50	10	10
10 id. au 6 avril......	201,70	10	10
10 id. au 16 avril......	211,55	10	10
10 id. au 26 avril......	208,05	10	10
6 id. au 2 mai......	131,70	6	6
Total.....	3193,35	167	161

LOT N° 2. — RÉGIME DES PULPES.

Dates.	Pulpes en kilogr.	Menue paille en kilogr.	Son en kilogr.
Pour 10 jours, au 27 novembre 1858.	253,75	4	5
10 id. au 7 décembre ...	254,75	»	10
10 id. au 17 décembre....	251,70	»	10
10 id. au 27 décembre....	249,30	»	10
10 id. au 6 janvier 1859..	216,80	»	10
10 id. au 16 janvier.....	249,80	»	10
10 id. au 26 janvier.....	242,85	»	10
10 id. au 5 février.....	254,65	»	10
10 id. au 15 février.....	248,10	»	10
10 id. au 25 février.....	252,30	»	10
A reporter.....	2474,00	4	95

Dates.	Pulpes en kilogr.	Menue paille en kilogr.	Son en kilogr.
Report.	2474,00	4	95
Pour 10 jours, au 7 mars.	241,65	3	10
10 id. au 17 mars	240,35	10	10
10 id. au 27 mars	232,10	10	10
10 id. au 6 avril.	244,05	10	10
10 id. au 16 avril.	248,40	10	10
10 id. au 26 avril.	241,15	10	10
6 id. au 2 mai.	130,25	6	6
Total.	4051,95	63	161

LOT N° 3. — RÉGIME DES BETTERAVES CUITES A LA VAPEUR.

Dates.	Betteraves cuites en kilogr.	Menue paille en kilogr.	Son en kilogr.
Pour 10 jours, au 27 novembre 1858.	223,40	11	5
10 id. au 7 décembre . .	204,67	10	10
10 id. au 17 décembre . .	180,75	10	10
10 id. au 27 décembre . .	187,70	10	10
10 id. au 6 janvier 1859.	181,40	10	10
10 id. au 16 janvier . . .	217,90	10	10
10 id. au 26 janvier . . .	213,45	10	10
10 id. au 5 février. . . .	213,95	10	10
10 id. au 15 février. . . .	215,10	10	10
10 id. au 25 février. . . .	224,90	10	10
10 id. au 7 mars	218,50	10	10
10 id. au 17 mars . . .	209,60	10	10
10 id. au 27 mars	206,40	10	10
10 id. au 6 avril.	209,15	10	10
10 id. au 16 avril.	224,70	10	10
10 id. au 26 avril.	211,40	10	10
6 id. au 2 mai.	126,30	6	6
Total.	3466,27	167	161

Le poids de 3466 kilogrammes figurant dans ce tableau correspond à la betterave avant sa cuisson. Par la cuisson à la vapeur, 100 de betteraves absorbent en moyenne 20 d'eau.

La betterave *cuite* consommée par le lot n° 3 pesait donc effectivement 4159 kilogrammes.

Le lot n° 1 a consommé 3193 kilogrammes de betteraves crues, 167 kilogrammes de menue paille et 161 kilogrammes de son.

L'augmentation de poids vivant a été de 45^{kil},3.

Le lot n° 2 a consommé 4052 kilogrammes de pulpes, 63 kilogrammes de menue paille et 161 kilogrammes de son.

L'augmentation du poids vivant a été de 39^{kil},9.

Le lot n° 3 a consommé 4159 kilogrammes de betteraves cuites à la vapeur, soit 3466 kilogrammes de betteraves naturelles, 167 kilogrammes de menue paille et 161 kilogrammes de son.

L'augmentation de poids vivant a été de 58^{kil},7.

La quantité de son et de menue paille restant invariable pour tous les moutons, on peut attribuer sans erreur aux rations de betteraves et de pulpes les différences observées dans l'augmentation du poids vivant.

Le simple rapprochement des chiffres permet d'établir, dès à présent, la valeur alimentaire de la betterave crue, de la betterave cuite et de la pulpe.

Pour produire 1 kilogramme de poids vivant, les moutons du lot n° 1 ont consommé 70 kilogrammes de betteraves crues.

Pour produire, dans les mêmes conditions, 1 kilogramme de poids vivant, les moutons du lot n° 2 ont dû consommer 101 kilogrammes de pulpes de distillerie.

Enfin, pour produire 1 kilogramme de poids vivant, les moutons du lot n° 3 ont consommé 70 kilogrammes de betteraves cuites à la vapeur, poids correspondant à 59 kilogrammes seulement de betteraves naturelles, avant la cuisson.

On voit que les partisans exclusifs de la pulpe de distillerie ont tort de vouloir exagérer sa valeur, en disant qu'à poids égal elle vaut la betterave, ou même qu'elle vaut mieux que la betterave. On fait ainsi trop bon marché des principes sucrés et de leur rôle pendant l'engraissement. La vérité, c'est que, pour obtenir les mêmes produits, il faut en chiffres ronds 100 kilogrammes de pulpes et 65 kilogrammes de betteraves, en prenant une moyenne entre les betteraves crues et les betteraves consommées après cuisson.

En d'autres termes, le prix de la pulpe ne peut dépasser 8 francs, si dans la ferme on donne à la betterave une valeur de 12 francs les 1000 kilogrammes.

Je tiens à communiquer les tableaux des pesées faites pendant le cours de l'expérience : c'est un moyen de suivre les progrès de l'engraissement ; je donne aussi le rendement des quinze moutons en laine, en suif et en viande.

Les animaux, tondus dans la journée du 28 avril, ont été abattus et pesés le 5 mai.

LOT N° 1. — RATION DE BETTERAVES CRUES.

Tableau du poids des moutons.

N°ˢ D'ORDRE.	18 NOV. 1858.	18 DÉC.	18 JANV. 1859.	18 FÉVR.	18 MARS.	28 AVRIL	DIFFERENCE. Augmentation du poids vivant
	k.	k.	k.	k.	k.	k.	k.
70	44,40	45,25	48,70	49,20	51,20	54,40	10,00
90	45,00	50,20	55,50	57,70	57,10	57,80	12,80
96	43,80	44,10	48,50	48,20	51,20	52,00	8,20
93	42,00	43,50	44,95	44,80	45,80	47,70	5,70
102	46,40	45,35	46,70	50,10	53,00	55,00	8,60
Ensemble.	221,60	228,40	244,35	250,00	258,30	266,90	45,30

Rendement.

Numéros des moutons.	Poids des 4 quartiers.	Poids du suif.	Poids de la laine
	k.	k.	k.
70........	25,00	6,90	2,25
90........	27,00	7,10	2,65
96.	23,00	4,10	2,40
93........	20,50	3,30	2,25
102.......	25,50	5,80	1,90
	121,00	27,20	11,45

LOT N° 2. — RATION DE PULPES.

Tableau du poids des moutons.

N°ˢ D'ORDRE.	18 NOV. 1858.	18 DÉC.	18 JANV. 1859.	18 FÉVR.	18 MARS.	28 AVRIL	DIFFERENCE. Augmentation du poids vivant
	k.	k.	k.	k.	k.	k.	k.
121	44,50	43,00	45,60	49,80	52,60	53,10	8,60
89	42,70	44,40	47,00	48,50	51,00	52,50	9,80
119	43,10	45,20	47,20	47,00	51,30	53,60	10,50
114	45,30	44,60	46,80	48,50	51,10	53,30	8,00
116	45,10	45,50	48,90	50,00	49,00	48,10	3,00
Ensemble.	220,70	222,70	235,50	243,80	255,00	260,60	39,90

Rendement.

Numéros des moutons.	Poids des 4 quartiers.	Poids du suif.	Poids de la laine.
	k.	k.	k.
121........	23,00	5,55	2,70
89........	23,50	4,35	2,30
119........	22,00	5,20	3,10
114........	23,00	4,30	2,55
116........	21,50	5,75	2,40
	113,00	25,15	13,05

LOT N° 3. — RATION DE BETTERAVES CUITES.

Tableau du poids des moutons.

N°ˢ D'ORDRE.	18 NOV. 1858.	18 DÉC.	18 JANV. 1859.	18 FÉVR.	18 MARS.	28 AVRIL	DIFFÉRENCE. Augmentation du poids vivant
	k.	k.	k.	k.	k.	k.	k.
109	47,50	51,20	52,50	55,20	57,90	59,80	12,30
115	43,70	47,50	50,20	53,00	55,90	58,30	14,60
108	45,50	48,80	52,00	54,70	55,90	58,20	12,70
86	42,90	42,40	44,80	46,80	47,50	48,20	5,30
117	40,50	41,50	45,00	49,20	52,40	54,30	13,80
Ensemble.	220,10	231,40	244,50	258,90	269,60	278,80	58,70

Rendement.

Numéros des moutons.	Poids des 4 quartiers.	Poids du suif.	Poids de la laine.
	k.	k.	k.
109.........	29,50	8,30	1,80
115.........	27,00	6,30	2,40
108.	27,50	5,50	3,00
86.........	21,50	5,50	2,75
117...	25,00	5,10	2,62
	130,50	30,70	12,57

En constataut la différence des rendements dus aux différents régimes, ces tableaux montrent que ces trois lots de moutons étaient parvenus à un état satisfaisant d'engraissement. J'ajoute que la viande des moutons livrés au boucher a été trouvée de première qualité.

J'ai déterminé la quantité d'azote contenue dans la viande de ces moutons.

Pour 100 de la viande en nature d'un mouton du lot n° 1, au régime de la betterave crue, on a trouvé 3,54 et 3,68 d'azote.

La viande d'un mouton du lot n° 2, au régime de la pulpe, a donné 3,14 et 3,21 d'azote pour 100.

La viande d'un mouton du lot n° 3, au régime de la betterave cuite, a donné 3,0 et 2,98 d'azote pour 100.

Cette dernière viande, prise comme les autres, dans la noix d'une côtelette, contenait notablement plus de gras ; on comprend qu'elle ait fourni moins d'azote.

Avant d'établir le prix de revient d'un kilogramme de poids vivant pour chacun des trois lots, il est intéressant de fixer exactement la valeur des fumiers produits.

La pesée de la litière imprégnée des excréments ne pouvait conduire à un résultat exact, la quantité de paille dont elle est formée étant essentiellement variable. J'ai eu recours à la méthode que j'avais déjà employée : je plaçai pendant vingt-quatre heures trois moutons dans la petite bergerie spéciale dont le sol carrelé permet de recueillir sans perte les excréments libres de tous corps étrangers, pour les livrer ensuite à l'analyse.

J'ai résumé dans les tableaux qui suivent les résultats de ces diverses opérations.

VALEUR DES EXCRÉMENTS.

DATES.	POIDS des excréments mixtes pour 1 mouton en 24 heures.	POUR 100 D'EXCRÉMENTS MIXTES.					AZOTE des excréments en 24 heures.
		Eau.	Résidu sec.	Azote. 1°	2°	Moyenne.	
LOT N° 1.							
	k.						gr.
Février 26	4,083	91,65	8,35	0,249	0,215	0,232	9,472
Mars 22..	3,867	91,95	8,05	0,213	0,181	0,197	7,600
Avril 19..	4,400	92,86	7,14	0,251	0,236	0,243	10,700
					Moyenne pour un mouton..		9,300
					Pour cinq moutons........		46,500
LOT N° 2.							
1859.							
Février 27	4,833	92,32	7,68	0,227	0,231	0,229	11,060
Mars 22..	6,300	92,02	7,98	0,249	0,231	0,240	15,012
Avril 20..	5,133	90,72	9,28	0,279	0,264	0,270	13,086
					Moyenne pour un mouton..		13,350
					Pour cinq moutons........		66,750
LOT N° 3.							
Février 28	4,350	91,65	8,35	0,253	0,243	0,248	10,800
Mars 23..	4,000	91,53	8,47	0,257	0,232	0,244	9,800
Avril 21..	3,550	89,83	10,17	0,345	0,314	0,329	11,700
					Moyenne pour un mouton..		10,800
					Pour cinq moutons........		54,000

Les cinq moutons du lot n° 1 ayant fourni en moyenne 46^{gr},5 d'azote en vingt-quatre heures par leurs excréments, on trouve que la valeur en argent de ce fumier est de 12 centimes par jour, en adoptant comme base de comparaison le prix de l'azote contenu dans le guano ou dans les tourteaux.

Les cinq moutons du lot n° 2 ont fourni 66^{gr},75 d'azote en vingt-quatre heures. La valeur de ce fumier est donc de 17,5 centimes par jour, en adoptant les mêmes bases de calcul.

Enfin, les cinq moutons du lot n° 3 fournissent 54 grammes d'azote en vingt-quatre heures dans leurs excréments. On doit estimer à 14 centimes la valeur de ce fumier.

Cette donnée obtenue, un simple compte de balance va nous fournir le prix de revient du kilogramme de poids vivant.

Pour gagner 45^k,3, les moutons du lot n° 1 ont consommé :

```
                                                    fr.  c.
Betteraves crues, 3193 kil. à 12 fr. les 1000 kil.  38,31
Menue paille, 167 kil. à 5 fr. les 100 kil. . . . .  8,35
Son, 161 kil. à 16 fr. les 100 kil.. . . . . . . . 25,75
                                                    ──────
                                                    72,41
```

A déduire :

```
Fumier des cinq moutons pendant 166 jours , à
   12 cent. par jour. . . . . . . . . . . . . . . 20,00
                                                  ──────
                    Total de la dépense. . 52,41
```

Le prix de revient du kilogramme de poids vivant est de 1^{fr},15.

Pour gagner 39^k,90, les moutons du lot n° 2 ont consommé :

```
                                                      fr.  c.
Pulpes de macération, 4051 kil. à 8 fr. les 100 kil. 32,40
Menue paille, 63 kil. à 5 fr. les 100 kil.. . . . .   3,15
Son, 161 kil. à 16 fr. les 100 kil.. . . . . . . .   25,75
                                                     ──────
                    A reporter. . . . . 61,30
```

fr.   c.

Report 61,30

A déduire :

Fumier des cinq moutons pendant 166 jours, à
17,5 centimes par jour. 29,00

Total de la dépense. . 32,30

Le prix de revient du kilogramme de poids vivant est de $0^{fr},80$.

Pour gagner $58^k,70$, les moutons du lot n° **3** ont consommé :

fr.   c.

4159 kil. de *betteraves cuites* à la vapeur, soit 3466
kil. de betteraves naturelles à 12 fr. les 1000 kil. 41,60
Menue paille, 167 kil. à 5 fr. les 100 kil.   8,35
Son, 161 kil. à 16 fr. les 100 kil. 25,75

75,70

A déduire :

Fumier des cinq moutons pendant 166 jours, à
14 cent. par jour. 23,24

Total de la dépense. . 52,46

Le prix de revient du kilogramme de poids vivant est de $0^{fr},89$.

J'ai pris pour base de ces calculs les prix établis précédemment, soit 12 francs pour la betterave, et 8 francs pour la pulpe de distillerie par 1000 kilogrammes. Dans ces conditions, la pulpe produit le kilogramme de poids vivant à $0^{fr},80$, la betterave crue à $1^{fr},15$, et la betterave consommée après cuisson à $0^{fr},89$.

Je n'ai pas tenu compte de la paille donnée aux moutons dans les râteliers.

Les animaux n'en mangeaient qu'une quantité insignifiante; la ration de menue paille leur suffisait. Cette paille des râteliers était donc employée presque entièrement à former la litière; elle augmentait d'autant la valeur des fumiers obtenus. Mais cette plus-value ne peut figurer dans un compte régulier d'engraissement, puisque, suivant les circonstances, il peut être avantageux de tirer parti de la paille autrement qu'en litière, les animaux pouvant être placés, soit sur des planchers, soit sur la terre elle-même, dans des bergeries mobiles, ainsi que je le pratique pour une partie de mon troupeau.

J'ai fait de nombreuses analyses des betteraves et des pulpes distribuées aux moutons pendant le cours de l'expérience. Il était intéressant de savoir à quelle proportion d'azote et de matières sèches correspond un accroissement déterminé de poids vivant.

Betteraves de la distillerie.

100 de betteraves contiennent :

	Eau.	Résidu sec.	Azote pour 100 de résidu sec.
9 décembre 1858. . .	84,59	15,41	1,06
	84,16	15,84	1,07
20 — . . .	84,88	15,12	0,86
	84,95	15,05	1,00
3 janvier 1859. . . .	85,52	14,48	1,04
	84,97	15,03	1,02
7 mars.	86,12	13,88	1,07
	85,63	14,37	1,11
20 avril.	85,83	14,17	1,01
	85,95	14,05	0,95
	852,60	147,40	10,19
Moyenne. .	85,26	14,74	1,02

Pulpes de la distillerie.

100 de pulpes contiennent :

	Eau.	Résidu sec.	Azote pour 100 de matière sèche.
9 décembre 1858. . .	89,14	10,86	1,77
	89,18	10,82	1,85
20 — . . .	88,52	11,48	2,02
	88,56	11,44	1,93
3 janvier 1859. . . .	90,06	9,94	2,01
	89,91	10,09	1,99
7 mars.	88,92	11,08	2,04
	88,68	11,32	1,99
20 avril.	88,78	11,22	1,68
	88,86	11,14	1,68
	890,61	109,39	18,96
Moyenne. .	89,06	10,93	1,89

Ces analyses conduisent aux résultats suivants :

LOT N° 1.

	Azote. k.
3193 kil. de betteraves donnent 470 kil. de matière sèche contenant 1,02 d'azote pour 100. .	4,794
167 kil. de paille contenant 1,25 d'azote pour 100.	2,087
161 kil. de son contenant 2,30 d'azote pour 100.	3,703
Azote.	10,584

pour un accroissement de poids de 45 kilogrammes ; soit 235 grammes d'azote pour 1 kilogramme.

LOT N° 2.

	Azote. k.
4051 kil. de pulpe, dont 442k,7 de matière sèche contenant 1,89 d'azote pour 100.	8,367
63 kil. de paille contenant 1,25 d'azote pour 100.	787
161 kil. de son contenant 2,30 d'azote pour 100.	3,703
Azote.	12,857

pour un accroissement de poids de $39^k,9$; soit 327 grammes d'azote pour 1 kilogramme.

LOT N° 3.

	Azote. k.
3466 kil. de betteraves avant cuisson contenant 510^k,8 de matière sèche à 1,02 d'azote pour 100	5,211
167 kil. de paille contenant 1,25 d'azote pour 100.	2,087
161 kil. de son contenant 2,30 d'azote pour 100.	3,703
Azote	11,001

pour un accroissement de poids de $58^k,7$; soit 187 grammes d'azote pour 1 kilogramme.

La comparaison de ces résultats donne un avantage marqué à la betterave cuite.

Mais, avant de conclure d'une manière positive sur la valeur alimentaire qu'il convient d'attribuer à la betterave crue, à la betterave cuite et à la pulpe, j'ai cru devoir entreprendre une nouvelle expérience dans laquelle on supprimerait aux moutons la ration de 200 grammes de son par tête, qui avait pu jouer un certain rôle dans l'engraissement par son mélange avec les autres aliments.

Je n'avais pas osé tout d'abord soumettre mes animaux à un régime composé exclusivement, soit de betteraves, soit de pulpes, les praticiens n'admettant pas que le bétail puisse être engraissé, ni même entretenu convenablement dans de pareilles conditions.

Deuxième expérience.

Dans cette seconde expérience, commencée le 19 novembre 1861, un premier lot de 5 moutons a reçu pour toute nourriture, de la betterave crue et de la paille; un deuxième lot, de la pulpe et de la paille; un troisième lot, des betteraves cuites à la vapeur et de la paille; enfin un quatrième lot a reçu chaque jour, pendant toute la durée de l'expérience, 2 kilogrammes de grain, avec une abondante ration de pulpes.

Je devais suivre avec d'autant plus d'intérêt les résultats comparatifs de cette expérience, que le régime donné au quatrième lot était précisément celui des 400 moutons nourris sur mon exploitation pendant plusieurs campagnes. Il m'importait de savoir d'une manière positive comment les animaux payent la ration de grains, et dans quelle proportion cette ration augmente les produits. Les hommes de ma ferme, les cultivateurs voisins avaient jugé par avance : suivant eux, toutes les bonnes chances étaient en faveur du quatrième lot, et j'avais quelque peine à justifier l'utilité d'une pareille expérience.

Les 20 moutons choisis bien semblables provenaient d'un premier croisement South-down; ils étaient nés à la ferme et avaient environ vingt-deux mois au 15 novembre. Chaque lot a été installé séparément dans la grande bergerie, en suivant les dispositions prises dans la première expérience.

Je mets en regard le poids des moutons, leur rendement après la mort, et le poids des aliments consommés pendant les cent cinquante-six jours qu'a duré l'expérience.

LOT N° 1. — POIDS DES ALIMENTS CONSOMMÉS.

Dates.	Betteraves crues.	Menue paille.
	k.	k.
Pour 10 jours, au 28 novembre 1861	189,85	20
10 id. 8 décembre	232,15	20
10 id. 18 décembre	239,75	20
10 id. 28 décembre	242,45	20
10 id. 7 janvier 1862	241,85	20
10 id. 17 janvier	242,00	20
10 id. 27 janvier	244,25	20
10 id. 6 février	247,75	20
10 id. 16 février	250,00	20
10 id. 26 février	249,25	20
10 id. 8 mars	286,95	20
10 id. 18 mars	291,40	20
10 id. 28 mars	294,50	20
10 id. 7 avril	291,10	20
10 id. 17 avril	287,65	20
6 id. 23 avril	171,35	12
Total	4002,25	312

Poids des moutons depuis le commencement de l'expérience.

NUMÉROS des MOUTONS.	POIDS						DIFFÉRENCE.
	Le 19 nov. 1861.	Le 19 déc.	Le 18 janv. 1862.	Le 19 févr.	Le 19 mars.	Le 16 avril.	Augmentation du poids vivant.
	k.	k.	k.	k.	k.	k.	k.
25	47,50	51,00	52,70	56,80	57,20	59,20	11,70
26	47,50	51,80	52,70	55,50	56,70	57,70	10,20
33	46,30	50,00	51,00	53,10	56,20	58,50	12,20
34	48,75	54,50	57,60	59,80	62,40	65,80	17,05
38	45,90	48,50	51,40	54,10	57,20	60,00	14,10
Ensemble.	235,95	255,80	265,40	279,30	289,70	301,20	65,25

Rendement.

Numéros des moutons.	En viande.	En suif.	En laine.
	k.	k.	k.
25	26,00	5,50	3,80
26	26,50	6,20	2,90
33	25,00	6,50	2,60
34	29,50	5,70	4,30
38	28,50	6,20	2,45
	135,50	30,10	16,05

LOT N° 2. — POIDS DES ALIMENTS CONSOMMÉS.

Dates.	Pulpes.	Menue paille.
	k.	k.
Pour 10 jours, au 28 novembre 1861	269,75	20
10 id. 8 novembre	230,00	20
10 id. 18 décembre	350,00	20
10 id. 28 décembre	347,40	20
10 id. 7 janvier 1862	350,00	20
10 id. 17 janvier	350,00	20
10 id. 27 janvier	349,50	20
10 id. 6 février	349,55	20
10 id. 16 février	350,00	20
10 id. 26 février	348,50	20
10 id. 8 mars	400,00	20
10 id. 18 mars	438,80	20
10 id. 28 mars	433,10	20
10 id. 7 avril	437,20	20
10 id. 17 avril	445,10	20
6 id. 23 avril	248,30	12
Total	5797,20	312

Poids des moutons depuis le commencement de l'expérience.

NUMÉROS des MOUTONS.	POIDS						DIFFÉRENCE. Augmentation du poids vivant.
	Le 19 nov. 1861.	Le 19 déc.	Le 18 janv. 1862.	Le 19 févr.	Le 19 mars.	Le 16 avril.	
	k.	k.	k.	k.	k.	k.	k.
4	46,95	51,50	55,10	57,10	57,80	61,80	14,85
7	44,90	48,50	50,50	50,70	53,50	54,70	9,80
10	45,60	48,90	51,50	52,00	53,90	55,60	10,00
26	50,70	52,00	53,80	56,30	58,20	61,80	11,10
40	48,20	52,70	55,00	56,30	57,50	61,20	13,00
Ensemble.	236,35	253,60	265,90	272,40	280,90	295,40	58,75

Rendement.

Numéros des moutons.	En viande.	En suif.	En laine.
	k.	k.	k.
4	27,50	6,00	3,80
7	25,50	4,00	3,05
10	23,50	5,00	3,25
26	26,50	5,50	3,75
40	26,00	6,50	4,05
	129,00	27,00	17,90

LOT N° 3. — POIDS DES ALIMENTS CONSOMMÉS.

Dates.	Betteraves avant cuisson.	Menue paille.
	k.	k.
Pour 10 jours, au 28 novembre 1861	227,85	20
10 id. 8 décembre	258,30	20
10 id. 18 décembre	265,85	20
10 id. 28 décembre	235,95	20
10 id. 7 janvier 1862	258,40	20
10 id. 17 janvier	285,95	20
10 id. 27 janvier	268,60	20
10 id. 6 février	265,10	20
10 iff. 16 février	278,55	20
10 id. 26 février	274,15	20
10 id. 8 mars	281,15	20
10 id. 18 mars	289,90	20
10 id. 28 mars	292,35	20
10 id. 7 avril	300,00	20
10 id. 17 avril	285,10	20
6 id. 23 avril	158,65	12
Total	4225,85 *	312

* Le chiffre de 4225 kilogr. indiqué dans ce tableau correspond à la betterave naturelle avant cuisson. Le poids après cuisson à la vapeur doit être de 5070 kilogr.

Poids des moutons depuis le commencement de l'expérience.

NUMÉROS des MOUTONS.	POIDS						DIFFÉRENCE. Augmentation du poids vivant·
	Le 19 nov. 1861	Le 19 déc.	Le 18 janv. 1862	Le 19 févr.	Le 19 mars.	Le 16 avril.	
	k.	k.	k.	k.	k.	k.	k.
13	45,00	50,00	52,70	53,60	57,80	59,10	14,10
14	42,50	44,60	46,60	47,80	49,20	49,20	6,70
16	48,00	52,20	54,90	57,20	60,50	62,00	14,00
35	49,70	52,45	56,20	56,80	58,40	59,50	9,80
39	49,90	51,80	51,90	55,60	61,90	64,30	14,40
Ensemble.	235,10	251,05	262,35	271,00	287,80	294,10	59,00

Rendement.

Numéros des moutons.	En viande.	En suif.	En laine.
	k.	k.	k.
13	25,50	6,10	3,85
14	21,00	4,50	3,70
16	29,00	4,90	3,30
35	27,50	7,30	2,40
39	28,00	4,30	5,00
	131,00	27,10	18,25

LOT N° 4. — POIDS DES ALIMENTS CONSOMMÉS.

Dates.	Pulpes.	Menue paille.	Son.	Orge.	Avoine.
	k.	k.	k.	k.	k.
Pour 10 jours, au 28 novembre 1861..	269,75	20	10	»	4,50
10 id. 8 décembre.......	330,00	20	10	»	5,00
10 id. 18 décembr	348,20	20	10	»	5,00
10 id. 28 décembre.... ..	345,15	20	4	6	8,00
10 id. 7 janvier 1862....	326,15	20	»	10	10,00
10 id. 17 janvier.........	297,35	20	»	10	10,00
10 id. 27 janvier.........	301,25	20	»	10	10,00
10 id. 6 février.........	302,15	20	»	10	10,00
10 id. 16 février.	318,75	20	»	10	10,00
10 id. 26 février.........	303,55	20	»	10	10,00
10 id. 8 mars.........	295,90	20	»	10	10,00
10 id. 18 mars....	253,60	20	»	10	10,00
10 id. 28 mars...	256,75	20	»	10	10,00
10 id. 7 avril..........	255,05	20	»	10	10,00
10 id. 17 avril..........	237,40	20	»	10	10,00
6 id. 23 avril....	147,80	12	»	6	6,00
Total......	4588,80	312	34	122	138,50

Poids des moutons depuis le commencement de l'expérience.

NUMÉROS des MOUTONS.	POIDS						DIFFÉRENCE.
	Le 19 nov. 1861.	Le 19 déc.	Le 18 janv. 1862.	Le 19 févr.	Le 19 mars.	Le 16 avril.	Augmentation du poids vivant.
	k.	k.	k.	k.	k.	k.	k.
1	48,70	52,40	53,50	55,00	54,90	55,00	6,30
7	47,70	51,45	56,40	60,00	61,60	66,50	18,80
9	47,70	51,75	56,00	59,10	59,80	61,30	13,60
11	44,00	47,50	50,00	53,70	55,50	55,20	11,20
22	48,40	52,90	57,30	59,70	59,50	60,00	11,60
Ensemble.	236,50	256,00	273,20	287,50	291,30	298,00	61,50

Rendement.

Numéros des moutons.	En viande.	En suif.	En laine.
	k.	k.	k.
1.........	24,50	4,40	2,75
7.........	30,00	7,90	3,65
9.........	27,50	6,40	3,35
11.........	26,00	7,50	3,75
22.........	27,50	7,70	3,05
	135,50	33,90	16,55

En cherchant à établir d'après les chiffres obtenus la quantité d'aliments nécessaire pour produire un accroissement de 1 kilogramme de poids vivant, on trouve qu'il faut :

k.
61,00 de betteraves crues.
98,07 de pulpes.
71,00 de betteraves consommées après cuisson.
75,00 de pulpes avec ration de grain.

Ces résultats confirment ceux de la première expérience : pour obtenir un même accroissement de poids, il faut, en chiffres ronds, 100 kilogrammes de pulpes et 65 kilogrammes de betteraves, en prenant toujours la moyenne entre les betteraves crues et les betteraves consommées après cuisson. On doit remarquer ici que la ration de grain donnée au lot n° 4 a remplacé 25 kilogrammes de pulpes, puisque pour obtenir 1 kilogramme de poids vivant, il n'a plus fallu que 75 kilogrammes de ce même aliment.

Au point de vue économique, nous pouvons déjà constater que c'est là un assez médiocre résultat.

La proportion du prix à établir reste toujours la même : la pulpe aura les 2/3 de la valeur de la betterave. Nous croyons être dans le vrai en attribuant un prix de 8 francs à la pulpe de distillerie, quand on assigne à la betterave le prix de 12 francs par 1000 kilogrammes.

Pour établir la balance entre les dépenses de la consommation et la valeur des fumiers produits, j'ai admis dans cette seconde expérience les données analytiques obtenues dans la première.

Dans le compte d'engraissement qui suit, j'adopte un prix moyen de 3 centimes par jour et par mouton comme valeur des fumiers ; soit 15 centimes pour les cinq moutons composant chacun des lots.

Pour gagner 65^k,25, les moutons du lot n° 1 ont consommé :

fr. c.

Betteraves crues, 4002 kil. à 12 fr. les 1000 kil.. 48,00
Menue paille, 312 kil. à 5 fr. 15,60

63,60

A déduire :

Fumier des cinq moutons pendant 156 jours, à
15 cent. par jour. 23,40

Total de la dépense. . . 40,20

Le prix de revient du kilogramme de poids vivant est de 0^{fr},61.

Pour gagner 58^k,75, les moutons du lot n° 2 ont consommé :

fr. c.

5797 kil. de pulpes à 8 francs les 1000 kil. . . . 46,40
312 kil. de paille. 15,60

62,00

A déduire :

Fumier des cinq moutons, à 15 cent. par jour, en
moyenne pendant 156 jours. 23,40

38,60

Le prix de revient de 1 kilogramme de poids vivant est de 0^{fr},65.

Pour gagner 59 kilogrammes, les moutons du lot n° 3 ont consommé :

5070 kil. de betteraves après cuisson, représentant
4226 kil. de betteraves naturelles, à 12 fr. les fr. c.
1000 kil. 50,71
312 kil. de paille, pour 15,60
                                              ——————
                                                66,31

A déduire :

Fumier des cinq moutons pendant 156 jours, à
    15 cent. par jour. 23,40
                                              ——————
                    Total de la dépense. . 42,91

Le prix de revient de 1 kilogramme de poids vivant
est de 0ᶠʳ,73.

Pour gagner 61ᵏ,5, les moutons du lot n° 4 ont consommé :

                                              fr. c.
4588 kil. de pulpes à 8 francs les 1000 kilogr., soit. 36,71
122 kil. d'orge à 18 fr. les 100 kil. 22,00
138ᵏ,5 d'avoine à 18 fr. les 100 kil. 25,00
312 kil. de paille, pour. 15,60
34 kil. de son à 16 fr. 5,44
                                              ——————
                                               104,75

A déduire :

Fumier des cinq moutons pendant 156 jours, à
    15 cent. par jour. 23,40
                                              ——————
                    Total de la dépense. . 81,35

Le prix de revient de 1 kilogramme de poids vivant
est de 1 fr. 32.

L'expérience dont je viens de rendre compte offre
des résultats pratiques d'une nature importante qu'il
convient de signaler. Un régime exclusivement composé,
soit de betteraves, soit de pulpes avec de la paille, a pu
amener les moutons à un état complet d'engraissement.

Le lot n° 1, qui n'a mangé que de la betterave crue, *sans un seul grain*, a même donné le plus grand poids vivant. Le rendement, à la mort, ne laissait rien à désirer, et j'ai pu constater par moi-même que la viande était excellente et de première qualité.

Une forte ration de grain ajoutée au régime de la pulpe n'a pas sensiblement augmenté le produit en poids vivant.

k.

Le lot n° 2 a donné. 58,75

Le lot n° 4 a donné. 61,50

Pour obtenir en faveur du lot n° 4 une différence qui n'atteint pas 3 kilogrammes de viande, on a dépensé 300 kilogrammes de grains ayant une valeur de 52 fr.

Un pareil résultat n'a pas besoin de commentaires : je me suis empressé de mettre à profit une si utile indication, et depuis cette époque, j'ai modifié avec un grand avantage l'alimentation de mes 400 bêtes.

J'ai réservé pour la fin de l'engraissement l'emploi des tourteaux ou des grains : une nourriture un peu *stimulante*, dans cette dernière période de l'alimentation, produit un effet utile en augmentant très notablement la force d'assimilation; sous cette influence, le bétail gagne en finesse et en qualité. C'est là un fait dont il faut tenir compte dans la pratique, et, tout en recherchant les conditions les plus économiques pour la production de la viande, on ne doit pas oublier que l'augmentation de poids ne constitue pas seule la valeur qui sera attribuée à la bête de boucherie. Par un engraissement convenable, le kilogramme de viande acquiert une plus-value considérable qui devient le principal profit de l'opération. On sait que la viande maigre, payée sur pied 1 franc par kilogramme, atteint souvent le prix de 2 francs après un bon engraissement.

J'ai vu des cultivateurs sérieux continuer à nourrir *chèrement* des animaux déjà gras, en disant que la qualité exceptionnelle des produits obtenus leur permet de réaliser des prix de vente leur remboursant généreusement les sacrifices exceptionnels qu'ils se sont imposés.

J'avoue que j'ai quelque peine à considérer ce système comme véritablement avantageux, et je dois dire que je ne l'ai pas encore pratiqué. Les animaux si remarquables que présente chaque année le concours de Poissy donneraient, je pense, peu de bénéfices à leurs propriétaires, si l'on ne pouvait faire entrer en ligne de compte le solde d'une prime considérable.

Produire *économiquement* beaucoup de bons animaux de boucherie, tel est le but que nous devons tous poursuivre dans l'intérêt de l'agriculture et de la consommation. A ce point de vue, il faut reconnaître que l'établissement des sucreries et des distilleries agricoles a réalisé un grand progrès, presque un bienfait, en fournissant dans les fermes d'abondantes nourritures, très profitables au bétail, et permettant d'obtenir une production de viande peu coûteuse.

L'emploi de la pulpe de distillerie m'a présenté ces avantages, et je n'hésite pas à publier ici de simples comptes d'engraissement qui ont leur intérêt pratique.

COMPTE D'ENGRAISSEMENT

DES TROIS LOTS DE L'EXPÉRIENCE N° 1.

LOT N° 1. — RÉGIME DES BETTERAVES CRUES, AVEC SON.

Dépenses.

	fr. c.
Valeur des cinq moutons au commencement de l'expérience.	160,00
Valeur des nourritures consommées	72,44
Total des dépenses. .	232,44

Produits.

fr. c.

193,60 valeur de 121 kil. quatre quartiers, à 1 fr. 60 c. le kil.

27,40 11ᵏ,4 laine en suint à 2 fr. 40 c.

22,50 valeur des fumiers.

243,50 produits.

232,40 total des dépenses.

11,10 excédant des produits.

LOT N° 2. — RÉGIME DES PULPES, AVEC SON.

Dépenses.

	fr. c.
Valeur des cinq moutons au commencement de l'expérience.	160,00
Valeur des nourritures consommées	61,50
Total des dépenses. .	221,50

Produits.

fr. c.

180,80 valeur de 113 kil. quatre quartiers, à 1 fr. 60 c. le kil.

31,20 13 kil. laine à 2 fr. 40 c.

29,20 valeur des fumiers.

241,20 produits.

221,50 dépenses.

19,70 excédant des produits.

LOT N° 3. — RÉGIME DES BETTERAVES CUITES, AVEC SON.

Dépenses.

	fr. c.
Valeur des cinq moutons au commencement de l'expérience.	160,00
Valeur des nourritures consommées	75,70
Total des dépenses. .	235,70

Produits.

fr. c.
208,80 valeur de 130ᵏ,5 quatre quartiers, à 1 fr. 60 c. le kil.
 30,00 12ᵏ,5 de laine à 2 fr. 40 c.
 23,40 valeur des fumiers.

262,20 produits.
235,70 dépenses.

 26,50 excédant des produits.

COMPTE D'ENGRAISSEMENT

DES QUATRE LOTS DE L'EXPÉRIENCE N° 2.

LOT N° 1. — RÉGIME DES BETTERAVES CRUES, EXCLUSIVEMENT.

Dépenses.

	fr. c.
Valeur des cinq moutons au commencement de l'expérience.	160,00
Valeur des nourritures consommées	63,60
Total des dépenses. .	223,60

Produits.

fr. c.
216,80 valeur de 135ᵏ,5, quatre quartiers, à 1 fr. 60 c. le kil.
 38,40 16 kil. de laine en suint à 2 fr. 40 c. le kil.
 23,40 valeur des fumiers.

278,60 produits.
223,60 dépenses.

 55,00 excédant des produits.

LOT N° 2. — RÉGIME DES PULPES, EXCLUSIVEMENT.

Dépenses.

Valeur des cinq moutons au commencement de
l'expérience. 160,00
Valeur des nourritures consommées. 62,00

                             Total des dépenses. . 222,00

fr.   c.

Produits.

fr. c.
206,40 valeur de 129 kil. quatre quartiers, à 1 fr. 60 c. le kil.
43,00 17^k,9 de laine en suint à 2 fr. 40 c. le kil.
23,40 valeur des fumiers.

272,80 produits.
222,00 dépenses.

50,80 excédant des produits.

LOT N° 3. — RÉGIME DES BETTERAVES CUITES, EXCLUSIVEMENT.

Dépenses.

Valéur des cinq moutons au commencement de
l'expérience. 160,00
Valeur des nourritures consommées. 66,30

                             Total des dépenses. . 226,30

Produits.

fr. c.
209,60 valeur de 131 kil. quatre quartiers, à 1 fr. 60 c. le kil.
43,70 18 kil. de laine en suint à 2 fr. 40 c. le kil.
23,40 valeur des fumiers.

276,70 produits.
226,30 dépenses.

50,40 excédant des produits.

LOT N° 4. — RÉGIME DES PULPES, AVEC GRAINS.

Dépenses.

		fr. c.
Valeur des cinq moutons au commencement de l'expérience.		160,00
Valeur des nourritures consommées		104,75
	Total des dépenses. .	264,75

Produits.

fr.   c.

216,80 valeur de 135^k,5 quatre quartiers, à 1 fr. 60 c. le kil.

 39,60 16 kil. de laine en suint à 2 fr. 40 c. le kil.

 23,40 valeur des fumiers.

279,80 produits.

264,75 dépenses.

 15,05 excédant des produits.

COMPTES DE HUIT VACHES MISES A L'ENGRAIS

PENDANT LL CAMPAGNE 1861-1862.

Ces vaches, achetées dans le pays, sont de race normande ; elles reçoivent 50 kilogrammes de pulpes par tête et par jour, à partir du 16 novembre 1861.

Vache n° 1, achetée le 16 octobre 1861. — Prix : 321 fr.

Poids progressif de l'engraissement.

510 kil.	le 2 décembre 1861.
525	le 30.
565	le 26 février 1862.
610	le 21 avril.
510	poids initial.
100 kil.	gain en poids.

Cette vache a été vendue le 22 avril, pour le prix de 430 francs.

Rations. — 156 journées d'étable, du 16 novembre 1861 au 22 avril 1862, soit 7800 kilogrammes de pulpes à 8 fr. les 100 kilogrammes, 62^{fr},40 valeur en argent.

Du 26 mars au 22 avril, la vache n° 1 a reçu en outre 3 kilogrammes d'un mélange d'orge et d'avoine concassées, soit 78 kilogrammes du mélange de grain pendant vingt-six jours.

Dépenses de nourriture. — Résumé.

		fr. c.
7800 kil.	de pulpes à 8 fr. les 1000 kil.	62,40
78	d'orge concassée à 18 fr. les 100 kil.. .	14,00
	Total des dépenses. .	76,40

	fr. c.
Prix de vente.	430,00
Achat	321,00
Différence en plus	109,00
Dépenses de nourriture à déduire	76,40
Produit net.	32,60

Le prix de revient de 1 kilogramme de poids vivant est de $0^{fr},70$, déduction faite de la valeur de la nourriture jusqu'au 2 décembre.

Observation générale.

Les vaches mangeaient chaque jour en moyenne 5 ou 6 kilogrammes de paille d'avoine ou de blé. La valeur de cette paille représentant environ $0^{fr},30$ par jour, est grandement payée par la production des excréments qui, d'ailleurs, n'ont pas été pesés directement. On ne fera donc figurer dans ces comptes ni la paille ni les excréments, en admettant qu'il y a balance entre la dépense et le produit.

Vache n° 2.

Un mauvais abcès s'est produit sous le ventre de la *vache n° 2*. Elle ne mangeait plus, et l'on a dû la sacrifier en perdant les frais de nourriture pendant quatre mois. Je constate cet insuccès, afin de signaler exactement tous les faits survenus pendant l'engraissement des huit vaches.

Vache n° 3, achetée le 16 octobre 1861. — Prix : 311 fr.

Poids progressif de l'engraissement.

535 kil. le 2 décembre 1861.
555   le 30.
600   le 26 février 1862.
640   le 21 avril.
655   le 6 mai.
535   poids initial.

120 kil. gain en poids.

Cette vache a été vendue le 6 mai, pour le prix de 460 francs.

Rations. — 170 journées d'étable du 16 novembre 1861 au 6 mai 1862, soit 8500 kilogrammes de pulpes pendant cette période.

Du 1ᵉʳ mars au 6 mai, la vache n° 3 a reçu par jour 3 kilogrammes d'orge et blé concassés, soit 198 kilogrammes de grain pendant les soixante-six jours.

Dépenses de nourriture. — *Résumé.*

		fr. c.
8500 kil. de pulpes à 8 fr. les 1000 kil..		68,00
200 de grain à 18 fr. les 100 kil.		36,00
	Total des dépenses. .	104,00

	fr. c.
Prix de vente	460,00
Achat	311,00
Différence en plus. .	149,00
Dépenses de nourriture à déduire.	104,00
Produit net	45,00

Le prix de revient de 1 kilogramme de poids vivant est de 0fr,81, déduction faite de la valeur de la nourriture jusqu'au 2 décembre.

Vache n° 4, achetée très maigre, le 16 octobre 1861. —
Prix : 276 fr.

Poids progressif de l'engraissement.

545 kil. le 2 décembre 1861.
555   le 30.
600   le 26 février 1862.
655   le 21 avril.
670   le 19 mai.
545   poids initial.
____

125 kil. gain en poids.

Vendue le 5 juin, pour la somme de 480 francs.

Rations. — **Deux** cent une journées d'étable, du 16 novembre au 5 juin 1862, à 50 kilogrammes de pulpes par jour, soit 10 050 kilogrammes.

Du 1er mars au 5 juin, la vache n° 4 a reçu par jour 3 kilogrammes d'orge et d'avoine concassées en mélange, soit 288 kilogrammes pour quatre-vingt-seize jours.

Dépenses de nourriture. — Résumé.

		fr. c.
10050 kil. de pulpes à 8 fr. les 1000 kil.		80,40
288 de grains à 18 fr. les 100 kil.		51,84
Total des dépenses. .		132,24

	fr. c.
Prix de vente	480,00
Achat	276,00
Différence en plus. .	204,00
Dépenses de nourriture à déduire.	132,24
Produit net.	74,76

Le prix de revient de 1 kilogramme de poids vivant est de 1 franc, déduction faite de la valeur de la nourriture jusqu'au 2 décembre.

Vache n° 5, achetée le 2 août 1861. — Prix : 237 fr. 50.

Poids progressif de l'engraissement.

465 kil. le 2 décembre 1861.
485   le 30.
520   le 26 février 1862.
555   le 21 avril.
555   le 6 mai.
465   poids initial.
____
90 kil. gain en poids.

Rations. — Cent soixante-dix journées d'étable, du 16 novembre 1861 au 6 mai 1862, soit 8500 kilogrammes de pulpes pendant cette période.

Vendue le 22 avril, pour la somme de 400 francs.

Du 12 avril au 6 mai 1862, la vache n° 5 a reçu par jour 2 kilogrammes d'orge concassée, soit 48 kilogrammes de grain pendant les vingt-quatre jours.

Dépenses de nourriture. — Résumé.

		fr.	c.
8500 kil. de pulpes à 8 fr. les 1000 kil.		68,00
50 de grain à 18 fr. les 100 kil.		9,00
Total des dépenses. .		77,00

	fr.	c.
Prix de vente	400,00
Achat	237,50
Différence en plus. .	162,50
Dépenses de nourriture à déduire .	77,00
Produit net	85,50

Le prix de revient de 1 kilogramme de poids vivant est de 0fr.,78, déduction faite de la valeur de la nourriture jusqu'au 2 décembre.

Vache n° 6, achetée le 15 novembre 1861. — Prix : 271 fr.

Poids progressif de l'engraissement.

435 kil. le 2 décembre 1861.
435   le 30.
485   le 26 février 1862.
505   le 24 avril.
540   le 19 mai.
435   poids initial.

105 kil. gain en poids.

Vendue le 27 mai, pour la somme de 420 francs.

Rations. — La vache n° 6 est entrée à l'étable le 16 novembre 1861, elle a été livrée au boucher le 27 mai 1862, soit 192 journées à 50 kilogrammes de pulpes par jour; fait 9600 kilogrammes de pulpes.

Du 12 avril au 27 mai, la vache n° 6 a reçu en outre 2 kilogrammes de mélange d'orge et d'avoine concassées, soit 92 kilogrammes du mélange de grain pendant quarante-six jours.

Dépenses de nourriture.— *Résumé.*

		fr.	c.
9600 kil. de pulpes à 8 fr. les 1000 kil.	. . . . . .	76	80
92 de grain à 18 fr. les 100 kil.	. . . . .	16	50
	Total des dépenses. .	93	30

	fr.	c.
Prix de vente	420,00	
Achat	271,00	
Différence en plus . .	149,00	
Dépenses de nourriture à déduire .	93,30	
Produit net	55,70	

Le prix de revient de 1 kilogramme de poids vivant est de 0^{fr},82, déduction faite de la valeur de la nourriture jusqu'au 2 décembre.

Vache n° 7, achetée le 2 août. — Prix : 237 fr. 50.

Poids progressif de l'engraissement.

400 kil. le 2 décembre 1861.
415   le 30.
455   le 26 février 1862.
490   le 21 avril.
495   le 6 mai.
400   poids initial.

95 kil. gain en poids.

Vendue le 6 mai 1862, pour la somme de 360 francs.

Rations. — Cent soixante-dix journées d'étable, du 16 novembre 1861 au 6 mai 1862, soit 8500 kilogrammes de pulpes pendant cette période.

Du 12 avril au 6 mai, la vache n° 7 a reçu par jour 2 kilogrammes d'orge concassée, soit 48 kilogrammes de grain pendant vingt-quatre jours.

Dépenses de nourriture. — Résumé.

		fr. c.
8500 kil. de pulpes à 8 fr. les 1000 kil.		68,00
50 d'orge à 18 fr. les 100 kil.		9,00
	Total des dépenses. .	77,00

	fr. c.
Prix de vente.	360,00
Achat	237,50
Différence en plus. .	122,50
Dépenses de nourriture à déduire .	77,00
Produit net	45,50

Le prix de revient de 1 kilogramme de poids vivant est de 0fr.,75, déduction faite de la valeur de la nourriture jusqu'au 2 décembre.

Vache n° 8, achetée le 2 août 1861. — Prix : 237 fr. 50.

Poids progressif de l'engraissement.

400 kil. le 2 décembre 1861.
425   le 30.
470   le 26 février 1862.
505   le 21 avril.
400   poids initial.
______
105 kil. gain en poids.

Cette vache a été vendue le 22 avril, pour le prix de 370 francs.

Rations. — Cent cinquante-six journées d'étable, du 16 novembre au 22 avril 1862, soit 7800 kilogrammes de pulpes pendant cette période.

Du 12 avril au 22 avril 1862, la vache n° 8 a reçu par jour 2 kilogrammes d'orge concassée, soit 20 kilogrammes pendant les dix jours.

Dépenses de nourriture. — Résumé.

	fr. c.
7800 kil. de pulpes à 8 fr. les 1000 kil.	62,40
20 d'orge à 18 fr. les 100 kil.	3,60 *
Total des dépenses. .	66,00

	fr. c.
Prix de vente	370,00
Achat	237,50
Différence en plus . .	132,50
Dépenses de nourriture à déduire .	66,00
Produit net	66,50

Le prix de revient de 1 kilogramme de poids vivant est de 0fr.,56, déduction faite de la valeur de la nourriture jusqu'au 2 décembre.

* On voit que pour une augmentation de poids de 105 kilogr., cette vache n'a consommé avec la pulpe que 20 kilogr. d'orge d'une valeur de 3 fr. 60 c.

Compte d'engraissement d'un lot de moutons à la bergerie.

Ce lot de 335 bêtes est composé de brebis et d'antenois provenant de plusieurs achats, dont le prix total s'élevait à la somme de 7443 fr. 50 c., ainsi qu'il suit :

	fr. c.
262 vieilles brebis, payées	5131,50
41 brebis de la ferme	1312,00
32 moutons antenois	1000,00
335 bêtes pour.	7443,50

Rations fournies aux animaux. — Du 3 décembre au 26 décembre 1860 : par 100 bêtes et par jour, 600 kilogrammes de pulpes coûtant 4 fr. 80 c., soit 0^{fr},048 par tête et par jour.

Du 26 décembre au 1er avril 1861, pour 100 bêtes et par jour :

		fr. c.
	600 kil. de pulpes.	4,80
En mélange	22 kil. de tourteaux de colza	3,30
	11 kil. d'orge concassée.	2,40
		10,50

soit 0^{fr},10 par tête et par jour.

Du 1er avril 1861 au 14 mai 1861, par 100 bêtes et par jour :

		fr. c.
300 kil. de pulpes		2,40
18 bottes de trèfle.		6,00
En mélange	22 kil. de tourteau de colza.	3,30
	11 kil. d'orge concassée	2,40
En mélange	10 kil. d'orge cuite	2,20
	10 kil. de son	1,60
		17,90

soit 0^{fr},18 par jour et par tête.

Dépenses de nourriture.

Les 335 bêtes, mises à l'engrais du 3 décembre
   au 7 mai 1861, ont consommé une quantité de   fr. c.
   nourriture s'élevant à la somme de   4262,30
Le prix d'achat était de   7443,50
                                              ————————
            Total des dépenses. . . . 11705,80

Le montant des ventes, s'élevant à la somme de
12 455 francs, se résume ainsi qu'il suit :

                                                fr.   c.
223 brebis vendues 10910,00
20 brebis mortes, valeur des peaux   80,00
32 antenois vendus   1145,00
Valeur de 85 kil. de laine en suint des 32 antenois   170,00
Valeur de 6 agneaux provenant des brebis achetées   150,00
                                              ————————
            Ensemble des produits . . 12455,00

12,455 fr. ensemble des produits de la vente.
11,705 fr. ensemble des dépenses.
   ————————
   750 fr. excédant des produits, et pour mémoire
            valeur des fumiers, qui dépasse celle
            des pailles consommées.

RENDEMENT DE DOUZE MOUTONS
CONDUITS AU CONCOURS DE ROUEN EN MAI 1855.

Ces moutons, élevés sur ma ferme, et provenant d'un premier croisement de la race de la Charmoise, avaient à peine vingt-sept mois au moment de l'abatage. Ils étaient remarquables par leurs belles formes et leur finesse.

Le tableau suivant donne la comparaison du poids vivant avec le poids des quatre quartiers et du suif, après la mort.

Numéros des moutons	Poids vivant. k.	Quatre quartiers. k.	Suif. k.
1	75,00	40,00	13,00
2	80,00	43,00	9,50
3	75,00	39,00	10,00
4	75,00	38,50	12,50
5	60,00	30,50	8,00
6	65,00	33,00	8,00
7	70,00	35,00	8,50
8	70,00	35,00	9,50
9	75,00	38,00	11,50
10	73,00	33,00	8,50
11	65,00	34,50	8,50
12	65,00	33,00	10,00
Les 12 moutons ensemble	848,00	432,50	117,50

Les 12 moutons, pesant ensemble 848 kilogrammes poids vivant, ont donné 432^k,50 pour les quatre quartiers et 117^k,50 de suif.

La moyenne pour un mouton est donc :

> 70^k,66 poids vivant.
> 36^k,00 les quatre quartiers.
> 9^k,80 de suif.

Pour 100 de poids vivant :

> 51^k,00 les quatre quartiers.
> 13^k,08 de suif.

RECHERCHES

SUR LE COLZA

Détermination des proportions d'huile contenues dans les diverses variétés.
— Récolte du colza. — Mise en meules. — Formation de la matière grasse
dans la plante, aux différentes époques de la végétation.

J'ai analysé un assez grand nombre de variétés de graines de colza, et il résulte de ces analyses que certaines variétés contiennent jusqu'à 48 pour 100 d'huile, tandis que d'autres variétés n'en fournissent que 40. Il y aurait assurément intérêt et profit à propager la culture des graines les plus riches en matière grasse. Ce but serait bientôt atteint si les marchands qui alimentent les fabriques d'huile consentaient à payer une plus-value aux graines contenant la plus grande proportion de produits huileux. Le cultivateur intelligent choisirait alors les variétés les plus productives et les mieux appropriées au sol de son exploitation. Avec les conditions actuelles du marché, le seul intérêt du cultivateur est de produire beaucoup, sans s'inquiéter de la qualité des produits; il faut avouer qu'on serait très mal venu à lui proposer pour sa culture une variété de graine contenant plus d'huile, en ajoutant toutefois qu'on ne lui payera pas mieux son produit amélioré.

Le cultivateur et le fabricant d'huile ont cependant un intérêt commun à propager les meilleures graines, et il faut bien espérer qu'on trouvera les moyens de réaliser, pour le commerce du colza, qui a pris une si grande et si rapide extension, ce qui se pratique maintenant pour la production même de la betterave à sucre.

Pour déterminer la proportion de matières grasses contenues dans les colzas, j'emploie l'appareil de déplacement, à distillation continue, que l'on doit à M. Payen.

Cet appareil, décrit dans le *Traité de chimie* de de MM. Pelouze et Fremy (1), permet de faire passer un courant d'éther sur la matière à analyser; elle abandonne rapidement ses produits huileux à ce lavage énergique. Afin d'éviter les inconvénients des transvasements, la matière, après dessiccation, est pesée dans le tube de verre soufflé en forme d'allonge, qui est destiné à recevoir le courant d'éther.

On pèse le tube avant et après le traitement par l'éther : la différence trouvée entre ces deux pesées représente la quantité de matière grasse enlevée par voie de dissolution.

Cependant, avant de procéder à la seconde pesée, il est indispensable d'évaporer complétement l'éther adhérent au résidu. Pour obtenir ce résultat, le tube en forme d'allonge est détaché de l'appareil à déplacement : on le pose horizontalement dans un vase métallique garni de deux tubulures latérales qui laissent dépasser librement les extrémités du tube. Au moyen de deux

(1) Troisième édition, t. IV, p. 9.

caoutchoucs coniques, on fixe solidement le tube de verre sur les tubulures métalliques; la fermeture du vase ainsi faite, on le remplit d'eau bouillante de manière à placer le tube et la matière qu'il contient dans un bain d'eau à 100 degrés. L'éther se vaporise, et pour l'entraîner complétement, un aspirateur convenablement disposé détermine un courant d'air sec à travers la matière maintenue à la température de l'ébullition de l'eau.

Avec un appareil bien monté, on peut ainsi déterminer exactement, en quelques heures, la quantité d'huile que renferment les colzas; il est toujours bon de s'assurer qu'un second traitement par l'éther n'enlève plus de matière grasse.

Variétés cultivées à Écorchebœuf et dans la contrée.

DOSAGE DE L'EAU ET DE LA MATIÈRE GRASSE.	EAU pour 100 de la graine à l'état normal.	MATIÈRE grasse pour 100 du grain sec.
Variété du pays récoltée à Écorchebœuf en 1851.	»	45,3
Variété du pays récoltée à Écorchebœuf le 24 juillet 1852.	»	43,9
Variété du pays cultivée à Écorchebœuf sur une terre fumée avec de la gadoue, et récoltée en juillet 1852.	»	42,41
Variété du pays récoltée à la Chapelle du Bourgay en 1852.	8,54	41,80
Même colza que le précédent.	8,95	42,10
Variété récoltée en juillet 1852 chez M. le comte de Malartic, à Tôtes.	10,04	45,44
Même colza que le précédent.	10,07	46,15
Même culture que la précédente.	10,10	44,50
Même culture que la précédente.	9,58	45,14
Même culture que la précédente.	10,77	42,43

DOSAGE DE L'EAU ET DE LA MATIÈRE GRASSE.	EAU pour 100 de la graine à l'état normal.	MATIÈRE grasse pour 100 du grain sec.
Même culture que la précédente mise en javelle.	10,70	43,03
Même culture que la précédente mise en javelle.	11,10	42,95
Même culture que la précédente mise en javelle.	11,16	42,18
Variété du pays cultivée chez M. Langrenay, à Tôtes, et récoltée en juillet 1853 . . .	11,59	43,10
Variété du pays cultivée chez M. Langrenay, à Tôtes, et récoltée en juillet 1853 . . .	11,21	42,95
Variété du pays cultivée chez M. Langrenay, à Tôtes, et récoltée en juillet 1853 . . .	11,10	43,15
Variété du pays cultivée chez M. Langrenay, à Tôtes, et récoltée en juillet 1853 . . .	11,62	42,65
Variété du pays cultivée chez M. Langrenay, à Tôtes, et récoltée en juillet 1853 . . .	11,39	43,05
Variété dite parapluie, récoltée à Écorche-bœuf en 1853.	»	40,47
Même variété..	11,97	48,88
Même variété..	11,87	40,20
Même variété..	12,11	41,77
Même variété..	»	42,95
Même variété..	12,49	42,03

Variétés provenant de la collection de M. Louis Vilmorin et récoltées à Verrières en juillet 1853.

NUMÉROS des échantillons.	EAU pour 100 du grain à l'état normal.	MATIÈRE grasse pour 100 du grain sec.
1. Variété d'hiver venant de la halle à Paris .	8,11	44,69
2. Variété d'hiver	8,40	42,43
3. Variété d'hiver déjà récoltée à Verrières en 1852	8,45	43,11
4. Variété d'hiver de Quesnay (Calvados) . . .	8,58	43,63

NUMÉROS des échantillons.	EAU pour 100 du grain à l'état normal.	MATIÈRE grasse pour 100 du grain sec.
5. Variété de l'île de Walchen, importée en 1850.	7,90	45,16
6. Variété d'hiver dans laquelle on remarque diverses espèces, quoique récoltée sur un seul pied.	8,56	42,02
6 *bis*. Variété d'hiver à bouquet récoltée sur sept pieds trouvés dans le numéro 6 précédent	7,76	43,69
7. Variété du Nord importée par Hambourg en 1849.	7,39	44,34
8. Variété récoltée à Verrières et importée par Hambourg	8,35	42,24
9. Variété récoltée à Verrières	8,00	43,67
10. Variété blanche	8,17	43,29
11. Même variété.	8,47	41,69
11 *bis*. Même variété	8,39	41,49
12. Variété froide, à fleurs jaunes, venant de Douai (Nord).	7,96	45,12
12 *bis*. Même variété..	7,60	45,37
13. Variété provenant de chez M. Merville, à Dericourt	8,05	43,59
14. Variété dite parapluie.	8,83	42,52
15. Même variété.	7,97	43,48
16. Même variété.	8,81	44,77
17. Variété à rabat ou parapluie.	8,32	44,12
18. Même variété.	8,44	43,62
19. Paraissant se rapprocher de la variété dite parapluie.	8,95	42,09
20. Même échantillon	8,46	45,79
21. Échantillon à fleurs blanches de M. Bove.	7,73	43,69
22. Échantillon à fleurs blanches récolté à Douai (Nord).	8,57	42,64
23. Variété de mars	7,98	41,26

Récolte du colza. — Mise en meules.

La récolte et le battage du colza se font, en Normandie, dans le courant du mois de juillet. La plante sciée avec des faucilles, un peu avant la complète maturité du grain, est déposée en javelles pendant huit à dix jours; puis on procède au battage en faisant dépiquer par les chevaux de la ferme la récolte préalablement amassée sur de grandes toiles. Le grain, parfaitement mûri par son séjour en javelles, est immédiatement séparé de la paille, criblé et rentré dans les greniers. Le travail se fait ainsi rapidement et d'une manière peu coûteuse.

Cependant cette méthode présente plusieurs inconvénients qui ont leur gravité : qu'une grosse pluie d'orage, qu'une averse de grêle vienne assaillir le colza abandonné en javelles, toute la récolte est alors compromise ou perdue par ce battage instantané; qu'une de ces bandes de corbeaux, si nombreuses en Normandie, vienne à s'abattre dans le champ, sur la plante séchant au soleil, les cosses, qui ne demandent qu'à s'ouvrir, laissent échapper et perdre une grande quantité de grains.

Dans certains départements du Nord, le colza, coupé un peu vert, comme en Normandie, est immédiatement mis en *meules*.

Ces meules sont disposées de manière à faire converger vers le centre les rameaux chargés de grains, et l'on conserve ainsi le colza pendant plusieurs mois avant de procéder au battage.

Ce système fait disparaître plusieurs des inconvénients de la mise en javelle, mais il ne présente pas cependant tous les avantages qu'on lui attribue : ses partisans prétendent que le colza mis en meules donne un grain de qualité supérieure, contenant plus d'huile et trouvant un prix plus élevé sur les marchés.

Le récit de tels avantages ne pouvait laisser insensibles nos bons cultivateurs du pays de Caux, et la mise en meules du colza fut pratiquée dans le département de la Seine-Inférieure pendant la campagne de 1853. La Société centrale d'agriculture du département avait fait venir à grands frais des ouvriers habitués à ce genre de travail ; elle les mettait généreusement à la disposition des cultivateurs qui en faisaient la demande. L'expérience des meules de colza a donc été pratiquée dans les meilleures conditions possibles.

La plus grande partie de ma récolte de 1853 a été ainsi faite sans difficultés et avec un succès complet pour la bonne conservation du colza. Battu deux mois après sa mise en meules, le grain était de première qualité : mais nous devions chercher à savoir s'il contenait effectivement plus d'huile que le même grain récolté en juillet dans les mêmes champs, suivant le système normand ; celui-ci était d'ailleurs également de très bonne qualité et son apparence ne laissait rien à désirer.

Les analyses comparatives pouvaient seules décider la question.

Colza mis en javelles et récolté à Écorchebœuf en juillet 1853.

	Eau pour 100 du grain normal.	Matière grasse pour 100 du grain sec.
Première analyse	11,59	43,10
Deuxième analyse	11,21	42,95
Moyenne.	11,40	43,00

Colza récolté dans le même champ en juillet 1853, mis en meules et battu dans le mois d'octobre.

	Eau pour 100 du grain normal.	Matière grasse pour 100 du grain sec.
Première analyse	12,10	43,15
Deuxième analyse	11,62	42,65
Troisième analyse	11,39	43,05
Moyenne.	11,70	42,95

Ces analyses démontrent clairement que le même grain contient absolument la même proportion d'huile, qu'il soit mis en meules, ou qu'il soit récolté en javelles.

J'ai voulu confirmer encore ces résultats en analysant les grains récoltés dans les mêmes conditions, en 1853, chez M. le comte de Malartic, à Tôtes.

Colza mis en javelles et récolté à Tôtes en juillet 1853.

	Eau pour 100 du grain normal.	Matière grasse pour 100 du grain sec.
Première analyse.	10,77	42,43
Deuxième analyse	10,70	43,03
Moyenne.	10,73	42,73

Colza récolté à Tôtes en juillet 1853, et battu après avoir été mis pendant vingt-neuf jours en meules.

	Eau pour 100 du grain normal.	Matière grasse pour 100 du grain sec.
Première analyse	11,10	42,95
Deuxième analyse	11,16	42,48
Moyenne.	11,13	42,56

Tout en présentant de sérieux avantages, la mise en meules du colza ne tient pas, on le voit, une de ses plus belles promesses : elle n'augmente pas la quantité d'huile dans le grain. Les cultivateurs ont trouvé généralement que ce système exigeait plus de dépense; il n'a pas été adopté dans nos contrées.

Formation de la matière grasse dans la plante.

En observant les différentes phases de la végétation du colza, j'ai toujours été vivement frappé des transformations remarquables que subit cette plante.

Les feuilles présentent d'abord un grand développement, puis elles sont *absorbées* peu à peu au moment où la tige s'élance et se ramifie, pour disparaître complétement après la floraison du végétal.

Il semblerait que les feuilles soient destinées à élaborer, à garder en réserve les principes qui doivent, à un moment donné, concourir à la nutrition de la plante; il semblerait que la nature vienne puiser dans cette réserve lentement accumulée les principes gras, les principes azotés, les principes si divers qui vont, dans un temps très court, constituer et former le grain.

Telles étaient mes pensées, lorsque j'entrepris de suivre la formation de la matière grasse pendant les différentes périodes de la végétation du colza; mais je dois dire que les résultats de mes expériences m'ont obligé à modifier ma belle théorie sur le rôle des feuilles pendant la maturation de la plante.

Une *première série* comprend les analyses faites depuis

le 15 mai 1851, avant la floraison du colza, jusqu'au 7 juillet, époque où a commencé la récolte.

Une *deuxième série* comprend les résultats analytiques obtenus pendant la campagne de 1853, depuis la floraison de la plante jusqu'à sa complète maturité.

PREMIÈRE SÉRIE.

Un pied de colza en pleine floraison, coupé le 22 mai 1851.

Poids total du pied de colza à l'état normal, 57^{gr},735.

	Tige.	Feuilles.	Fleurs.	Total.
	gr.	gr.	gr.	gr.
Poids à l'état normal	31,470	14,295	11,970	57,735
Poids à l'état sec.	7,870	3,425	2,525	13,820
Eau pour 100.	74,95	76,04	78,90	
Poids de la matière grasse dans le végétal à l'état normal .	0,028	0,029	0,090	0,147
Poids de la matière grasse pour 100 du végétal sec. . . .	0,36	0,89	0,36	

Un pied de colza en pleine floraison, coupé le 24 mai 1851.

Poids total du pied de colza à l'état normal, 69^{gr},710.

	Tige.	Feuilles.	Fleurs.	Total.
	gr.	gr.	gr.	gr.
Poids à l'état normal	34,280	24,630	10,800	69,710
Poids à l'état sec.	7,435	5,225	2,250	14,910
Eau pour 100	78,31	86,90	79,16	
Poids de la matière grasse dans le végétal à l'état normal .	0,015	0,035	0,090	0,140
Poids de la matière grasse pour 100 du végétal sec	0,20	0,68	4,05	

Un pied de colza entièrement défleuri, coupé le 26 mai 1851.

Poids total du pied de colza à l'état normal, 83^{gr},770.

	Tige.	Feuilles.	Cosses.	Total.
	gr.	gr.	gr.	gr.
Poids à l'état normal	30,990	15,025	37,755	83,770
Poids à l'état sec	8,170	3,545	8,150	19,865
Eau pour 100	73,63	76,40	78,42	
Poids de la matière grasse dans le végétal à l'état normal .	0,019	0,040	0,110	0,169
Poids de la matière grasse pour 100 du végétal sec. . . .	0,24	1,14	1,36	

Un pied de colza entièrement défleuri, coupé le 31 mai 1851.

Poids total du pied de colza à l'état normal, 119^{gr},873.

	Tige.	Feuilles.	Cosses pleines.	Total.
	gr.	gr.	gr.	gr.
Poids à l'état normal	29,933	14,448	75,492	119,873
Poids à l'état sec	17,737	2,748	10,000	30,485
Eau pour 100	40,74	80,80	86,75	
Poids de la matière grasse dans le végétal à l'état normal .	0,010	0,009	0,080	0,099
Poids de la matière grasse pour 100 du végétal sec. . . .	0,06	0,36	0,80	

Un pied de colza entièrement défleuri. Ce pied a été coupé le 31 mai 1851.

Poids total du pied de colza à l'état normal, 98^{gr},888.

	Tige.	Feuilles.	Cosses pleines.	Total.
	gr.	gr.	gr.	gr.
Poids à l'état normal	34,840	10,703	53,345	98,888
Poids à l'état sec	9,775	2,078	11,155	23,008
Eau pour 100	71,94	80,58	79,08	
Poids de la matière grasse dans le végétal à l'état normal .	0,011	0,009	0,080	0,100
Poids de la matière grasse pour 100 du végétal sec	0,12	0,48	0,72	

Une tige de colza entièrement défleurie depuis quinze jours; il n'y a plus de feuilles et la graine est bien formée. Cette tige a été coupée le 17 juin 1851.

Poids total de la tige de colza à l'état normal, 150^{gr},729.

	Tige.	Cosses siliques vides.	Graines.	Total.
	gr.	gr.	gr.	gr.
Poids à l'état normal	60,347	65,430	24,952	150,729
Poids à l'état sec	18,120	18,315	5,514	44,949
Eau pour 100	69,97	72,00	77,90	
Poids de la matière grasse dans le végétal à l'état normal .	0,056	0,069	1,291	1,416
Poids de la matière grasse pour 100 du végétal sec	0,31	0,38	23,42	

Un pied de colza défleuri depuis quinze jours; il n'y a plus de feuilles et la graine est bien formée. Cette tige a été coupée le 17 juin.

Poids total du pied de colza à l'état normal, 129^{gr},836.

	Tige.	Cosses siliques.	Graines.	Total.
	gr.	gr.	gr.	gr.
Poids à l'état normal	44,705	57,518	27,613	129,836
Poids à l'état sec	15,275	18,575	6,548	40,398
Eau pour 100	65,83	67,69	37,28	
Poids de la matière grasse dans le végétal à l'état normal .	0,013	0,052	1,497	1,562
Poids de la matière grasse pour 100 du végétal sec	0,09	0,28	22,87	

Un pied de colza semblable au précédent, coupé le 18 juin.

Poids total du pied de colza à l'état normal, 135^{gr},218.

	Tige.	Cosses siliques.	Graines.	Total.
	gr.	gr	gr.	gr.
Poids à l'état normal	27,780	65,568	34,870	135,218
Poids à l'état sec	16,065	21,168	7,775	45,008
Eau pour 100	57,47	67,70	75,60	
Poids de la matière grasse dans le végétal à l'état normal .	Rien.	0,014	2,072	2,218
Poids de la matière grasse pour 100 du végétal sec	Rien.	0,69	26,65	

Un pied de colza coupé le 29 juin 1851.

Poids total de la tige de colza à l'état normal, $131^{gr},360$.

	Tige.	Cosses siliques.	Graines.	Total.
	gr.	gr.	gr.	gr.
Poids à l'état normal	27,365	49,335	54,660	131,360
Poids à l'état sec	11,515	17,370	20,245	49,130
Eau pour 100	57,92	64,79	62,96	
Poids de la matière grasse dans le végétal à l'état normal .	0,049	0,151	8,442	8,642
Poids de la matière grasse pour 100 du végétal sec	0,43	0,87	42,69	

Un pied de colza coupé le 1er juillet.

Poids total du végétal à l'état normal, $80^{gr},495$.

	Tige.	Cosses siliques.	Graines.	Total.
	gr.	gr.	gr.	gr.
Poids à l'état normal	22,925	30,840	26,730	80,495
Poids à l'état sec	8,820	11,365	13,315	33,500
Eau pour 100	61,52	63,14	50,19	
Poids de la matière grasse dans le végétal à l'état normal .	0,015	0,136	6,927	7,078
Poids de la matière grasse pour 100 du végétal sec	0,17	1,20	52,03	

Un pied de colza coupé le 3 juillet.

Poids du végétal à l'état normal, 127^{gr},228.

	Tige.	Cosses siliques.	Graines.	Total.
	gr.	gr.	gr.	gr.
Poids à l'état normal	31,960	64,628	30,640	127,228
Poids à l'état sec	9,100	14,448	15,538	39,086
Eau pour 100	71,24	77,64	49,61	
Poids de la matière grasse dans le végétal à l'état normal .	Rien.	0,138	7,535	7,673
Poids de la matière grasse pour 100 du végétal sec	Rien.	0,96	48,50	

Un pied de colza récolté le 7 juillet. Ce pied est un de ceux qui ont été coupés le matin ; la récolte ayant commencé ce même jour.

Poids total du végétal à l'état normal, 92^{gr},203.

	Tige.	Cosses siliques.	Graines.	Total.
	gr.	gr.	gr.	gr.
Poids à l'état normal	29,285	39,028	24,000	92,203
Poids à l'état sec	12,482	14,207	14,160	40,849
Eau pour 100	57,37	63,59	41,00	
Poids de la matière grasse dans le végétal à l'état normal .	0,024	0,100	7,164	7,288
Poids de la matière grasse pour 100 du végétal sec	0,20	0,71	50,60	

Jusqu'au moment de la floraison, et même quelque temps après la floraison, le colza contient à peine 0^{gr},100 d'une matière grasse soluble dans l'éther, pour l'ensemble d'un végétal dont le poids dépasse déjà 100 grammes.

Au moment de la récolte, environ vingt-cinq jours après la floraison, on trouve 7 et 8 grammes de principes huileux formés dans la plante, dont le poids moyen ne dépasse pas 110 grammes.

Cette proportion d'huile se fixe tout entière dans la graine ; la tige ne contient plus une seule trace de produits gras.

Les observations faites pendant la campagne de 1853 viennent confirmer ces résultats et les rendent encore plus sensibles. Du 15 mai au 14 juin, avant et après la floraison, on ne trouve dans l'ensemble de la plante que des proportions insignifiantes d'une matière cireuse qui ressemble à la *chlorophylle*. Le poids de cette matière reste au-dessous d'un gramme. Le 22 juillet, la plante, parvenue à maturité, contient jusqu'à 25 grammes d'huile, fixés en totalité dans la graine en moins de trente jours.

A ce moment, la tige ne renferme plus traces de matières grasses.

DEUXIÈME SÉRIE.

Un pied de colza avant la floraison, 15 mai 1853.

Poids total du pied de colza à l'état normal, $101^{gr},550$.

	Tiges.	Feuilles.	Boutons de fleurs.	Total.
	gr.	gr.	gr.	gr.
Poids à l'état normal	57,080	41,625	2,845	101,550
Poids à l'état sec	8,125	6,740	0,595	15,460
Eau pour 100	85,76	83,87	79,08	
Poids de la matière grasse dans le végétal à l'état normal .	0,28	0,23	0,06	0,57
Poids de la matière grasse pour 100 du végétal sec. . . .	3,50	3,50	10,01	

Après l'évaporation, l'éther a laissé pour résidu une matière grasse, solide, d'une couleur jaune verdâtre.

Un pied de colza en pleine floraison, 26 mai 1853.

Le poids total du végétal à l'état normal est de 64^{gr},270.

	Tiges.	Feuilles.	Fleurs.	Total.
	gr.	gr.	gr.	gr.
Poids à l'état normal	33,105	20,780	10,385	64,270
Poids à l'état sec.	6,775	3,160	1,700	11,635
Eau pour 100	79,53	84,79	83,63	
Poids de la matière grasse dans le végétal à l'état normal .	0,239	0,234	0,212	0,685
Poids de la matière grasse pour 100 du végétal sec	3,54	7,43	12,50	

Un pied de colza en pleine floraison, 26 mai 1853.

	Tiges.	Feuilles.	Fleurs.	Total.
	gr.	gr.	gr.	gr.
Poids à l'état normal	21,040	4,050	10,480	35,570
Poids à l'état sec.	4,725	0,910	1,945	7,580
Eau pour 100	77,54	77,53	81,44	
Poids de la matière grasse dans le végétal à l'état normal .	0,127	0,059	2,248	2,434
Poids de la matière grasse pour 100 du végétal sec	2,70	6,52	11,56	

Un pied de colza entièrement défleuri. Il a été coupé le 26 mai, au moment où les dernières fleurs venaient de tomber ; elles sont remplacées par des cosses.

Le poids total du végétal à l'état normal est de 73^{gr},420.

	Tiges.	Feuilles.	Cosses pleines.	Total.
	gr.	gr.	gr.	gr.
Poids à l'état normal	37,500	12,050	23,870	73,420
Poids à l'état sec.	10,775	2,645	5,535	18,935
Eau pour 100	71,320	78,050	76,810	
Poids de la matière grasse dans le végétal à l'état normal .	0,136	0,132	0,122	0;390
Poids de la matière grasse pour 100 du végétal sec	1,27	5,00	2,21	

Un pied de colza entièrement défleuri. Il a été pris au moment où les dernières fleurs venaient de tomber ; les cosses sont formées.

Le poids total du végétal est de 96^{gr},930.

	Tiges.	Feuilles.	Cosses.	Total.
	gr.	gr.	gr.	gr.
Poids à l'état normal	51,960	10,760	34,210	96,930
Poids à l'état sec	13,800	2,270	7,380	23,450
Eau pour 100	73,44	78,90	78,42	
Poids de la matière grasse dans le végétal à l'état normal .	1,505	0,121	0,210	1,836
Poids de la matière grasse pour 100 du végétal sec	10,91	5,35	2,82	

Un pied de colza dont les cosses sont presque entièrement développées ; le grain qu'elles renferment est transparent et gélatineux. Il ne reste plus que quelques feuilles sur la tige. Ce pied de colza a été coupé le 14 juin 1853.

Les cosses et le grain ont été traités ensemble. Les feuilles, qui ne pèsent que 2 grammes, sont très fanées ; on les traite avec la tige.

Le poids total du végétal à l'état normal est de 141^{gr},790.

	Tiges et feuilles.	Cosses et grains.	Total.
	gr.	gr.	gr.
Poids à l'état normal	65,700	75,990	141,790
Poids à l'état sec	18,000	16,425	34,425
Eau pour 100	72,60	78,38	
Poids de la matière grasse dans le végétal à l'état normal	0,230	0,704	0,934
Poids de la matière grasse pour 100 du végétal sec	1,28	4,29	

Un pied de colza semblable au précédent, coupé le 14 juin. Les feuilles, qui pèsent 4 grammes environ, sont traitées avec la tige.

Le poids total du végétal à l'état normal est de 106^{gr},970.

	Tiges et feuilles.	Cosses et grains.	Total.
	gr.	gr.	gr.
Poids à l'état normal	40,000	66,970	106,970
Poids à l'état sec	11,080	14,640	25,720
Eau pour 100	72,30	78,13	
Poids de la matière grasse dans le végétal à l'état normal	0,197	0,628	0,825
Poids de la matière grasse pour 100 du végétal sec.	1,78	4,29	

Un pied de colza traité le 22 juillet 1853. Coupé depuis plusieurs jours, il était resté en javelle. La tige était bien jaune, le grain bien noir et de belle apparence ; plus une seule feuille.

Le poids total du végétal normal est de 192^{gr},965.

	Tiges.	Cosses siliques.	Graines.	Total.
	gr.	gr.	gr.	gr.
Poids à l'état normal	72,070	49,875	71,020	192,965
Poids à l'état sec	46,870	39,610	56,245	142,725
Eau pour 100.	34,96	20,58	20,80	
Poids de la matière grasse dans le végétal à l'état normal .	0,12	0,47	24,75	25,34
Poids de la matière grasse pour 100 du végétal sec. . . .	0,27	1,19	44,04	

Un pied de colza traité dans les mêmes conditions que le précédent.

Le poids total du végétal normal est de 126^{gr},717.

	Tiges.	Cosses siliques.	Graines.	Total.
	gr.	gr.	gr.	gr.
Poids à l'état normal.	48,725	34,784	43,197	126,717
Poids à l'état sec	31,755	27,395	33,577	92,727
Eau pour 100	31,82	21,26	22,27	
Poids de la matière grasse dans le végétal à l'état normal .	Rien.	0,320	13,618	13,938
Poids de la matière grasse pour 100 du végétal sec	Rien.	1,17	40,56	

Un pied de colza traité le 22 juillet 1853. Il était coupé depuis plusieurs jours et était resté en javelle.

Ce pied de colza est de l'espèce dite parapluie.

Le poids total du végétal est de 235^{gr},270.

	Tiges.	Cosses siliques.	Graines.	Total.
	gr.	gr.	gr.	gr.
Poids à l'état normal	105,614	64,238	65,418	235,270
Poids à l'état sec.	71,327	49,945	52,317	173,589
Eau pour 100	32,48	22,25	20,02	
Poids de la matière grasse dans le végétal à l'état normal .	Rien.	0,569	29,340	29,917
Poids de la matière grasse pour 100 du végétal sec	Rien.	1,14	41,61	

L'huile que contient la graine du colza n'existe pas toute formée dans les différentes parties de la plante avant sa maturité; vingt-cinq ou trente jours suffisent à la force mystérieuse de la végétation pour élaborer et fixer dans la graine cette proportion considérable de matière grasse, qui dépasse souvent le dixième du poids total de la plante.

Avant et pendant la floraison du colza, les feuilles et la tige de la plante contiennent une matière cireuse dont le poids total reste le plus souvent beaucoup au-dessous d'un gramme.

Après la floraison, dès que commence la formation des siliques et des graines, les feuilles, peu à peu résorbées, finissent par disparaître ; la tige devient ligneuse et ne renferme plus de matières grasses.

Telles sont les conclusions générales que je crois pouvoir déduire directement de mes expériences.

M. Isidore Pierre a publié en 1860, dans les *Annales de chimie et de physique*, 3ᵉ série, t. LX, p. 129, des *Études sur le colza*.

Dans ce travail fort intéressant, l'auteur a suivi avec beaucoup de soin, aux diverses époques de développement du colza, la production et la répartition, dans ses différentes parties, de la matière organique, des substances azotées, et des principes minéraux les plus importants.

Enfin, dans une communication faite à l'Académie des sciences, le 23 juin 1862, le même auteur adresse la suite de ses *Études sur le colza*.

Cette dernière partie a pour titre : « *Recherches expérimentales sur la production des matières grasses dans le colza*, sur les proportions et la répartition de ces matières dans les diverses parties de la plante aux diverses époques de son développement. »

Les *Comptes rendus de l'Académie* (1) ne renferment malheureusement aucun autre détail sur ce nouveau travail de M. Isidore Pierre ; j'eusse été heureux de pouvoir comparer les résultats de mes expériences, déjà anciennes, avec ceux obtenus sur le même sujet par ce savant et habile chimiste.

(1) *Comptes rendus des séances de l'Académie des sciences*, t. **LIV**, p. 1252.

BERGERIES

ET ÉTABLES MOBILES.

J'ai fait précéder les recherches agronomiques qui forment l'objet de cette publication d'une introduction où j'ai parlé des changements dans lesquels m'avait entraîné l'installation d'une distillerie au milieu de ma culture.

Les nombreux bestiaux que les résidus de cette fabrication permettent de nourrir, et l'engraissement auquel je me suis livré à partir de cette époque, m'obligeaient à des constructions de bâtiments qui ne laissaient pas que d'être coûteuses, et auxquelles je ne me décidais que difficilement et dans des limites aussi restreintes que possible. D'ailleurs les pailles recueillies sur mon exploitation étaient en quantité insuffisante pour fournir les litières du grand nombre d'animaux que je pouvais entretenir pendant la saison d'hiver. Je me trouvais donc placé en présence d'une double difficulté. C'est en cherchant sa solution que j'ai imaginé les parcs mobiles dont je donne le dessin et la description.

Un coup d'œil rapide suffit pour comprendre le but que je me suis proposé, et saisir les détails de la construction de ces abris montés sur quatre roues, mis en mouvement par une simple corde enroulée autour d'un treuil, qu'un enfant peut mouvoir, et qui permettait de parcourir et de fumer un champ avec plus de facilité que ne le fait un berger pendant l'été en transportant les claies de son parc à moutons. J'ai indiqué les dimensions auxquelles je me suis arrêté. J'enferme jusqu'à 50 moutons entre les cloisons de chacun de mes parcs mobiles. Des mangeoires placées tout autour et fermées extérieurement par une simple planche montée sur charnière, permettent d'alimenter les animaux sans pénétrer dans l'intérieur. La maison tout entière est changée de place deux fois par vingt-quatre heures, comme le parc d'un berger, en entraînant dans son facile mouvement le bétail qu'elle contient, et qui obéit au bout de peu de jours avec une discipline parfaite.

J'ai commencé à me servir de ces abris pour les moutons auxquels la nature a donné un si chaud vêtement, qui leur permet de ne redouter sérieusement que les pluies longues et continuelles, et nullement les grands froids. Je parle évidemment des moutons à laine commune, à tempérament rustique, et nullement des espèces à laine fine, auxquelles les sols humides sont nuisibles et qui sont facilement sujettes à la maladie connue sous le nom de piétin. Je n'ignore pas en effet que l'objection faite par les cultivateurs à mes parcs mobiles sera d'exprimer des craintes sur la santé des animaux abrités, il est vrai, contre la pluie, mais exposés, par contre, à toute l'humidité du sol. Je ne puis leur répondre à cet égard que par le témoignage de ma propre expérience et par le succès que j'ai obtenu. Mes animaux sont restés sous ces abris pendant des nuits dont la température s'est abaissée jusqu'à 12 degrés centigrades. Leur santé est demeurée parfaite.

Les journées de dégel, pendant lesquelles le sol est profondément détrempé, sont celles qui offrent le plus d'inconvénients : dans ces conditions exceptionnelles, il faut donner sur place une litière de paille, afin d'éviter le contact d'un terrain qui se délaye sous les pieds des animaux.

J'ajouterai que des vaches et des bœufs d'élevage se sont maintenus en bon état, comme les moutons, dans mes étables mobiles.

Mais ce premier point une fois admis, personne ne saurait nier que l'emploi de mes modestes abris se lie de la manière la plus étroite à tout un ensemble de réformes qui intéresse au plus haut degré l'agriculture tout entière, les propriétaires comme les fermiers.

Les constructions de toute nature constituent assurément une des plus lourdes charges de la propriété rurale. Le capital qu'elles représentent ne s'élève pas à moins de 10 pour 100 de la valeur des terres, et toutes les dépenses, presque toujours imprévues, qu'entraîne l'entretien des bâtiments, deviennent la plupart du temps une source de déception pour les propriétaires qui voient s'échapper par cette voie une partie du revenu net sur lequel ils avaient compté. C'est une nécessité qu'il faut subir pour un grand nombre des édifices qui composent le corps de ferme et qui sont indispensables, tels que la maison d'habitation, la charreterie, le pressoir, le cellier ; mais d'autres, et parmi eux les plus coûteux, sont consacrés aux animaux, et si mes étables mobiles permettent de les remplacer en démontrant leur inutilité, ce sera assurément un dégrèvement considérable pour la propriété foncière.

Au point de vue du cultivateur, les avantages sont encore beaucoup plus importants; mais avant de les mettre en relief, je dois faire connaître l'opinion des agriculteurs de la Normandie, et probablement d'une grande partie de la France, sur la question si complexe des litières et de la bonne confection des fumiers.

Les agriculteurs admettent volontiers aujourd'hui que le fumier est l'élément capital d'une bonne culture, mais ils considèrent que la paille est la base du fumier; et passant de l'esprit des fermiers dans celui des propriétaires, cette conviction s'est accréditée au point que la plupart des baux portent interdiction de vendre une seule botte de paille, par le motif que les pailles peuvent seules rendre au sol la fertilité si nécessaire pour continuer à produire d'abondantes récoltes. Cependant la paille n'est, à vrai dire, que l'excipient, le réservoir des engrais qu'elle reçoit et qu'elle absorbe; elle n'offre que peu de richesse intrinsèque, et sans vouloir prétendre que par elle-même elle est incapable de pouvoir ajouter quelque chose aux éléments mis en œuvre dans le phénomène de la végétation, il n'en est pas moins vrai que le cultivateur qui se bornerait à étendre sur ses champs les pailles qu'il a pu recueillir, n'ajouterait que bien peu à la fertilité du sol.

Le propriétaire redoute avec raison l'épuisement qu'un mauvais laboureur peut amener dans la terre qu'il cultive, mais il se fait illusion en se croyant garanti par l'interdiction d'exporter les pailles. Dans notre opinion, il agirait avec une sagacité beaucoup plus grande en déterminant le minimum du poids vivant des bestiaux que son locataire sera tenu d'entretenir annuellement sur les terres affermées. La proportion des bestiaux entretenus par chaque hectare est encore la meilleure base pour assurer la richesse d'un sol et la prospérité agricole du pays. C'est pourquoi je fais des vœux pour que les propriétaires, persuadés de cette vérité, abandonnent dans leurs baux les clauses restrictives qui concernent les pailles, et qui n'ont, à mes yeux, aucune portée.

Les cultivateurs se sont-ils d'ailleurs rendu bien compte des mains-d'œuvre énormes que représentent les pailles dispersées en litière sous les animaux, sorties à grands frais des étables pour être concentrées dans les fosses à fumier, arrosées avec le purin, remaniées souvent plusieurs fois, charriées dans les champs, et enfin répandues également sur le sol au prix de nombreuses journées de travail? Mes bergeries mobiles suppléent à toutes ces façons coûteuses. On sait encore que pendant la confection des fumiers, les fermentations, les lavages font perdre une portion notable des principes fertilisants, tandis que l'engrais déposé par les animaux renfermés dans mes parcs pénètre le sol immédiatement, fait corps avec lui et ne laisse ainsi perdre aucun de ses principes actifs.

Entravés comme moi par le défaut de litières, quelques cultivateurs ont voulu remplacer la paille par des matières terreuses, aussi desséchées que possible et susceptibles d'*absorber facilement ;* mais tout le monde n'a pas les terres convenables pour un pareil usage, et les frais de main-d'œuvre, ainsi que les difficultés d'épandage que j'ai déjà signalées, doivent peu encourager à admettre un pareil système.

On a disposé aussi des planchers sur lesquels nous avons vu, dans une exploitation voisine de la nôtre, les animaux commodément installés et dans le meilleur état de santé. Mais cette combinaison a une grande partie des inconvénients de la précédente, elle laisse subsister également la nécessité d'une bergerie, et par conséquent d'une construction onéreuse.

Une maison mobile, formée de cloisons de planches, un parc roulant et couvert, telle est la meilleure solution que nous ayons rencontrée après l'avoir longuement cherchée avec la conscience des fécondes conséquences qu'elle renfermait et que nous venons d'indiquer.

Description des bergeries et étables mobiles.

Planche I.

Ces constructions destinées à servir d'abri aux bestiaux sont montées sur quatre roues de fonte ; le toit et les parois sont de bois de sapin léger. Les dimensions moyennes données à ces étables sont 6 mètres de côté sur $1^m,80$ de hauteur au niveau du rampant du toit. Chacune des faces porte une mangeoire ; aux deux pignons se trouvent de petites fenêtres pour donner du jour et de l'air.

Le dessin de la planche I indique ces diverses dispositions, et il montre comment on effectue le déplacement de ces maisonnettes au moyen d'un câble qui s'enroule sur un cabestan portatif, solidement fixé au sol dans la direction à leur imprimer. On voit aussi que les mangeoires sont abritées par un appentis à charnière qui peut s'abaisser complétement ou se relever au besoin ; le service des aliments se faisant ainsi extérieurement, sans déranger le bétail.

La figure 2 présente une coupe en élévation ; la figure 3, un plan sur terre, et la figure 4, un dessin en perspective de la portion inférieure formant angle au voisinage d'une des roues. Cette figure est destinée à montrer comment on change au besoin la position de ces roues, suivant la direction à donner à l'étable.

Dans ces trois dernières figures les mêmes lettres indiquent les mêmes objets : M, les mangeoires ; R, les roues ; RH, les essieux, etc. Le cheminement de ces étables doit se faire habituellement dans la direction du plan des roues, c'est-à-dire perpendiculairement à leur essieu. J'ai imaginé une disposition qui permet de fixer facilement et solidement les essieux dans deux positions rectangulaires entre elles. Quand les roues seront placées comme on les voit représentées dans les trois figures, on pourra faire suivre aux étables la direction de la ligne AB ; après le changement des essieux, la direction aura lieu suivant la ligne CD, ce qui permettra d'arriver à un point quelconque qui peut être toujours considéré comme le croisement de deux lignes perpendiculaires entre elles.

Dans la pratique, quand on fait mouvoir plusieurs

étables contiguës, il est préférable de les placer comme l'indique la figure 1, de manière à laisser chaque étable libre sur toutes ses faces : cette disposition permettant d'ailleurs de juxtaposer rigoureusement la fumure.

Les roues motrices, qui sont la partie essentielle de ces constructions, doivent être montées avec toute garantie de solidité; c'est pourquoi elles sont adaptées, comme l'indique la figure 4, au poteau de chêne OP de $0^m,15$ d'équarrissage, qui forme l'angle. Sur chacune des quatre faces de ce poteau, à hauteur des essieux, on fixe des plaques de fer LL' d'un centimètre d'épaisseur, portant à leur centre un trou carré de $0^m,04$ égal au diamètre de l'essieu, et fixées chacune au poteau par six fortes vis à bois : cet essieu est maintenu en place par une clavette en H, et la roue tourne librement sur l'essieu à l'autre extrémité R, entre un épaulement et une goupille.

Pour effectuer un changement de voie, il suffit, par le jeu d'un levier, de maintenir soulevé l'un des angles; on peut alors détacher la roue, et passer son essieu de la mortaise L' à la mortaise L. Au-dessous de ces plaques est fixé un crochet O servant à adapter les barres d'atelage qui sont changées de place en même temps que les roues. Les roues que j'ai employées ont un diamètre de $0^m,70$ et une largeur de jante de $0^m,22$. Ce sont des poulies de renvoi de fonte, dont j'ai trouvé le modèle tout fait à Rouen ; mais il serait préférable de porter cette largeur de jante à $0^m,30$ pour augmenter encore leur surface de pose, diminuer d'autant leur enfoncement dans le sol et l'effort de traction pour les mouvoir.

Les essieux doivent être placés de manière à laisser environ 0m,12 de vide entre la partie inférieure du poteau d'encoignure et la surface du sol, de manière à éviter tout obstacle pendant la marche. La force d'un enfant de douze à quinze ans suffit pour faire avancer l'étable de toute sa largeur.

Pour augmenter la solidité de la construction, les différentes pièces de bois sont assemblées et reliées entre elles au moyen de boulons de fer. On a soin de bien goudronner extérieurement tous les bois, afin d'assurer leur meilleure conservation.

La dépense pour établir une de ces bergeries mobiles ne dépasse pas 500 francs, tout compris.

DISTILLATION AGRICOLE

LA BETTERAVE.

J'ai dit précédemment (1) quelles considérations m'avaient amené à cultiver les betteraves et à tirer de ces racines le meilleur parti possible, en établissant sur ma ferme, dès l'année 1857, une distillerie agricole suivant le procédé de M. Champonnois.

Je n'entreprendrai pas ici la description de ce procédé, maintenant bien connu du monde agricole. Le *Traité complet de la distillation* publié par M. Payen donne d'ailleurs avec une clarté remarquable tous les détails que comporte le sujet ; il mentionne les simplifications et les derniers perfectionnements apportés dans son système par M. Champonnois lui-même.

Je me bornerai à décrire quelques observations personnelles sur la marche de ma distillerie ; et en comparant mes comptes de fabrication avec les rendements obtenus pendant cinq années, je chercherai à établir le prix de revient d'un hectolitre d'alcool dans une exploitation rurale.

J'avais monté, en 1857, un appareil tout de cuivre,

(1) Introduction, p. xv.

je l'ai remplacé avec avantage, en juillet 1860, par une colonne de fonte et une chaudière de tôle. Ce dernier appareil fonctionne en ce moment sans avoir exigé de notables réparations.

Opérant seulement sur les betteraves de ma récolte pour la meilleure alimentation de mon bétail, ma fabrication porte régulièrement chaque jour sur 5000 kilogrammes de racines, sans travailler la nuit. Je suspends également tout travail les dimanches et jours de fête, en réglant la dépense de la pulpe de manière à faire consommer exactement, après trente-six heures de fermentation, la quantité de pulpe obtenue chaque semaine. Cette interruption de travail n'apporte aucun préjudice aux fermentations qui marchent généralement avec beaucoup de régularité ; elle motive seulement chaque lundi une dépense de 10 kilogrammes de levûre pour mettre en fermentation les jus sucrés obtenus à nouveau, et sans coupage préalable avec les jus déjà fermentés.

Pour obtenir de la betterave le meilleur rendement alcoolique, il faut, d'une part, extraire par la macération tout le sucre que contient la racine ; d'un autre côté, il faut que ce sucre soit livré à une fermentation franchement alcoolique.

J'obtiens une macération complète en faisant couler jusqu'à 28 hectolitres de vinasse bouillante sur un cuvier contenant 1000 kilogrammes de betteraves en cossettes : le jus de ce macérateur est continuellement pompé dans un réservoir supérieur qui le distribue en jet continu sur deux autres cuviers pleins de betteraves fraîches. En agissant ainsi, on maintient la température du jus fermenté au-dessous de 30 degrés, sans avoir besoin d'employer l'appareil indiqué par M. Champonnois, pour refroidir la vinasse en échauffant le vin. C'est entre 25 et 30 degrés que la fermentation s'accomplit le mieux ; je n'insisterai pas sur les inconvénients bien connus, et déjà signalés, des variations brusques de température.

D'un autre côté, l'emploi méthodique et raisonné de l'acide sulfurique est une des conditions essentielles pour obtenir de bonnes fermentations régulièrement alcooliques.

Il est incontestable que le phénomène de la fermentation alcoolique ne se développe que dans les jus présentant une réaction acide ; mais on est généralement disposé dans les distilleries à exagérer les quantités d'acide sulfurique : on emploie cet acide sans discernement, comme un remède à tous les accidents qui peuvent survenir pendant la fabrication.

J'ai cherché à établir d'une manière précise les proportions d'acide sulfurique nécessaires pour un travail normal. Ces proportions varient forcément suivant la nature même des betteraves ; mais j'ai constaté d'une manière générale, par une série d'observations alcalimétriques continuées pendant quatre campagnes, que l'on obtient des fermentations régulièrement bonnes et alcooliques dans les jus qui renferment une quantité d'acides libres correspondant à 3 grammes d'acide sulfurique monohydraté par litre de jus.

Cette proportion de 3 grammes d'acides libres, que je représente par A, se compose des acides oxalique et lactique contenus dans la racine elle-même, ces acides organiques étant déplacés par l'acide sulfurique qui s'unit aux bases alcalines et terreuses.

Afin de maintenir constante, dans les jus, cette proportion A d'acides libres nécessaires à une bonne fermentation, il faut, en suivant l'indication alcalimétrique, augmenter ou diminuer la quantité d'acide sulfurique que l'on emploie en mélange avec les jus faibles pour mouiller les cossettes qui tombent sous le coupe-racines. Avec certaines betteraves, trois quarts de litre d'acide sulfurique concentré suffisent pour 1000 kilogrammes de racines ; avec d'autres betteraves, il faut porter la quantité d'acide jusqu'à deux litres pour le même poids de racines. Toutefois je n'ai jamais dépassé cette dernière quantité d'acide : encore n'était-elle nécessaire que par exception pour des racines récoltées sur des terres nouvellement marnées. La proportion moyenne d'acide sulfurique employé dans ma distillerie est de 1 litre à 1 1/2 litre d'acide concentré par 1000 kilogrammes de betteraves.

J'ai fait de nombreux essais pour diminuer autant que possible la proportion d'acide sulfurique : j'ai presque toujours observé un trouble grave dans la marche de la fermentation, dès que les jus sucrés ne contiennent plus 2 grammes d'acides libres par litre. Les fermentations deviennent languissantes, du gaz nitreux se dégage en abondance dans les cuves. Enfin, après ce dégagement de gaz nitreux que je ne m'explique pas encore, la fermentation alcoolique s'arrête ordinairement pour ne plus reparaître, quelles que soient d'ailleurs les quantités de levûre ajoutées dans ces cuves. Le ferment lactique se développe, il domine, et le sucre passe rapidement à l'état d'acide lactique. J'ai pu ainsi constater que des jus qui ne contenaient pas 2 grammes d'acides libres avant cette fermentation, arrivaient rapidement à une proportion de 8 à 10 grammes par litre, sans avoir ajouté aucune nouvelle proportion d'acide.

J'ai donné ces détails pour montrer les services que pourrait rendre dans les distilleries un simple essai alcalimétrique, dont la mise en pratique ne présente d'ailleurs aucune difficulté. La marche du travail se trouverait ainsi surveillée et réglée d'une manière logique : d'un côté, on éviterait des fermentations lactiques se développant le plus souvent dans les jus qui ne contiennent pas une suffisante proportion d'acides libres, et l'on éviterait aussi un emploi exagéré d'acide sulfurique, toujours nuisible à la bonne conservation des appareils, et dont les effets peuvent devenir désastreux pour le bétail, qui reçoit en nourriture des pulpes contenant alors des quantités notables d'acide sulfurique libre.

A l'appui de mon opinion, je parlerai, dans le courant de cet article, des accidents graves survenus parmi les moutons d'un troupeau nourri avec des pulpes de macération provenant d'une distillerie qui employait dans son travail régulier 4 litres d'acide sulfurique et 1800 grammes de sulfate de fer, pour le traitement de 1000 kilogrammes de betteraves.

RENDEMENTS.

CAMPAGNE DE 1857-1858.

808,000 kilogrammes de betteraves traités en 162 jours ont produit 30,370^{lit},2 d'alcool à 100 degrés; soit, pour 100 de betteraves, 3,75 d'alcool pur.

Durée du traitement.	Poids des betteraves traitées. kil.	Litres d'alcool obtenus. lit.	Rendement en centièmes.
Les 54 premiers jours. . .	269,000	10758,8	3,99
Les 54 jours suivants. . .	270,000	10612,9	3,93
Les 54 derniers jours . . .	269,000	8998,5	3,34
162 jours	808,000	30370,2	

CAMPAGNE DE 1858-1859.

738,000 kilogrammes de betteraves traités en 148 jours ont produit 26,873^{lit},9 d'alcool à 100 degrés; soit, pour 100 de betteraves, 3,64 d'alcool pur.

Durée du traitement.	Poids des betteraves traitées. kil.	Litres d'alcool obtenus. lit.	Rendement en centièmes.
Les 49 premiers jours. . .	243,000	9854,8	4,05
Les 49 jours suivants . . .	245,000	8990,9	3,66
Les 50 derniers jours . . .	250,000	8028,2	3,64
148 jours	738,000	26873,9	

CAMPAGNE DE 1859-1860.

860,000 kilogrammes de betteraves traités en 172 jours ont produit 33,044^{lit},3 d'alcool à 100 degrés; soit, pour 100 de betteraves, 3,84 d'alcool pur.

Durée du traitement.	Poids des betteraves traitées. kil.	Litres d'alcool obtenus. lit.	Rendement en centièmes.
Les 57 premiers jours. . .	284,000	12223,8	4,30
Les 57 jours suivants . . .	284,000	10755,6	3,78
Les 58 derniers jours . . .	292,000	10064,9	3,44
172 jours	860,000	33044,3	

CAMPAGNE DE 1860-1861.

535,000 kilogrammes de betteraves traités en 107 jours ont produit 23,205^{lit},7 d'alcool à 100 degrés; soit, pour 100 de betteraves, 4,33 d'alcool pur.

Durée du traitement.	Poids des betteraves traitées.	Litres d'alcool obtenus.	Rendement en centièmes.
	kil.	lit.	
Les 35 premiers jours. . .	175,000	8314,8	4,74
Les 35 jours suivants . . .	175,000	7674,8	4,38
Les 37 derniers jours . . .	185,000	7219,1	3,90
107 jours	535,000	23205,7	

CAMPAGNE DE 1861-1862.

801,000 kilogrammes de betteraves traités en 161 jours ont produit 38,358^{lit},9 d'alcool à 100 degrés; soit, pour 100 de betteraves, 4,78 d'alcool pur.

Durée du traitement.	Poids des betteraves traitées.	Litres d'alcool obtenus.	Rendement en centièmes.
	kil.	lit.	
Les 53 premiers jours. . .	265,000	14239,5	5,37
Les 53 jours suivants . . .	265,000	12982,3	4,89
Les 55 derniers jours. . .	271,000	11137,1	4,10
161 jours	801,000	38358,9	

Les tableaux qui précèdent donnent le rendement alcoolique des betteraves pendant cinq campagnes successives. J'ai divisé le travail de chaque campagne en trois périodes égales, et j'ai établi le rendement correspondant à chacune de ces périodes, de manière à faire mieux apprécier la diminution progressive du rendement, à mesure que le travail se prolonge.

La différence de rendement atteint en moyenne le chiffre de 0^{lit},80 d'alcool pour 100 de betteraves, suivant que la racine est traitée dans la première ou dans la dernière période.

On peut voir que dans la campagne 1861-1862 la différence s'est élevée à 1,27 pour 100 : pour une même quantité de betteraves travaillées, on a obtenu 142 hectolitres d'alcool dans la première période, et 111 hectolitres seulement dans la troisième ; la différence est de 32 hectolitres d'alcool pur.

Au point de vue du meilleur rendement en alcool, il y aurait évidemment intérêt à accélérer le plus possible le travail de la distillerie. Mais la production des pulpes ne restant plus en harmonie avec la consommation des animaux de la ferme, il faudrait en mettre de grandes quantités en silos ; et malgré la bonne conservation de ces pulpes, je ne sais si, tous comptes faits, il resterait un grand avantage au cultivateur.

COMPTES DE FABRICATION.

CAMPAGNE DE 1857-1858.

808,000 kilogrammes de betteraves travaillées ont produit 303 hectolitres d'alcool à 100° ; soit, pour 100 de betteraves, 3^{lit},75 d'alcool pur.

Dépenses.

12928,00 valeur des 808,000 kilogrammes de betteraves à 16 francs les 100 kilogrammes.

4882,80 frais de fabrication.

300,00 amortissement d'un dixième du brevet Champonnois.

780,00 intérêts à 6 pour 100 sur 13,000 francs des bâtiments de l'usine.

1069,50 amortissement d'un dixième sur la valeur de l'outillage.

19960,30

4704,00 à déduire, valeur de 588,000 kilogrammes de pulpes à 8 francs les 1000 kilogrammes.

15256,30 total de la dépense pour 303 hectolitres d'alcool à 100°.

Le prix de revient d'un hectolitre d'alcool en flegmes est de   50,34

Ajouter frais de rectification   17,00

Prix de revient de l'hectolitre d'alcool pur et rectifié. . .   67,34

Déduction faite de l'intérêt et de l'amortissement, les frais de fabrication sont de 6 francs par 1000 kilogrammes de betteraves, ou 16^{fr},10 par hectolitre d'alcool à 100°.

Le total de 6 francs pour frais de fabrication par 1000 kilogrammes de betteraves se décompose ainsi :

2,28 main-d'œuvre.

1,74 combustible transporté à l'usine.

0,90 acide sulfurique et levûre.

1,08 force motrice, frais généraux divers.

6,00 frais de fabrication par 1000 kilogrammes de betteraves.

CAMPAGNE DE 1858-1859.

738.000 kilogrammes de betteraves travaillées ont produit 269 hectolitres d'alcool à 100° ; soit, pour 100 de betteraves, 3ᵘᵗ,64 d'alcool pur.

Dépenses.

11,808,00 valeur de 738,000 kilogrammes de betteraves travaillées.
 4151,45 frais de fabrication.
  300,00 amortissement d'un dixième du brevet Champonnois.
  780,00 intérêts à 6 pour 100 sur 13,000 francs des bâtiments de l'usine.
 1069,50 amortissement d'un dixième sur la valeur de l'outillage.
____
18,108,95
 4360,00 à déduire, valeur de 545,000 kilogrammes de pulpes à 8 francs les 1000 kilogrammes.
____
13,748,95 total de la dépense pour 269 hectolitres d'alcool à 100°.
 Le prix de revient d'un hectolitre d'alcool en flegmes est de 51,11
 Ajouter les frais de rectification 17,00
____
 Prix de revient de l'hectolitre d'alcool pur et rectifié. . . 68,11

Déduction faite des intérêts et de l'amortissement, les frais de fabrication sont de 3ᶠʳ.62 par 1000 kilogrammes de betteraves. ou 15ᶠʳ.43 par hectolitre d'alcool à 100°.

Le total de 5ᶠʳ,62 pour frais de fabrication par 1000 kilogrammes de betteraves se décompose ainsi :

 1,82 main-d'œuvre.
 1,40 combustible rendu à la distillerie.
 1,07 acide sulfurique et levûre.
 0,36 dépenses pour l'entretien de l'outillage.
 0,97 force motrice, frais généraux divers.

 5,62 frais de fabrication par 1000 kilogrammes de betteraves.

CAMPAGNE DE 1859-1860.

860,000 kilogrammes de betteraves travaillées ont produit 330 hectolitres d'alcool à 100° ; soit, pour 100 de betteraves, 3^{lit},84 d'alcool pur.

Dépenses.

14,143,75 valeur des 860,000 kilogrammes de betteraves à 16 francs les 1000 kilogrammes.

5497,60 frais de fabrication.

300,00 amortissement d'un dixième du brevet Champonnois.

780,00 intérêts à 6 pour 100 sur 13,000 francs des bâtiments de l'usine.

1069,50 amortissement d'un dixième sur la valeur de l'outillage.

21,790,85

4816,00 à déduire, valeur de 602,000 kilogrammes de pulpes à 8 francs les 1000 kilogrammes.

16,974,85 total de la dépense pour 330 hectolitres d'alcool à 100°.

Le prix de revient d'un hectolitre d'alcool en flegmes est de   51,43

Ajouter les frais de rectification.   17,00

Prix de revient de l'hectolitre d'alcool pur et rectifié. . . 68,43

Déduction faite des intérêts et de l'amortissement, les frais de fabrication sont de 6^{fr},40 par 1000 kilogrammes de betteraves, ou 16^{fr},65 par hectolitre d'alcool à 100°.

Le total de 6^{fr},40 pour frais de fabrication par 1000 kilogrammes de betteraves se décompose ainsi :

1,86 main-d'œuvre.

1,23 combustible rendu à l'usine.

1,19 levûre, acide sulfurique.

1,16 matériel et dépenses pour l'entretien de l'outillage.

0,96 frais généraux, force motrice, divers.

6.40 frais de fabrication par 1000 kilogrammes de betteraves.

CAMPAGNE DE 1860-1861.

535,000 kilogrammes de betteraves travaillées ont produit 232 hectolitres d'alcool à 100° ; soit, pour 100 de betteraves, 4^{lit},33 d'alcool pur.

Dépenses.

8704,90   valeur des 535,000 kilogrammes de betteraves à 16 francs les 1000 kilogrammes.

4433,97   frais de fabrication.

 300,00   amortissement d'un dixième du brevet Champonnois.

 780,00   intérêts à 6 pour 100 sur 13,000 francs des bâtiments de l'usine.

1069,50   amortissement d'un dixième sur la valeur de l'outillage.

15,288,37

3200,00   à déduire, valeur de 400,000 kilogrammes de pulpes à 8 francs les 1000 kilogrammes.

12,088,37 total de la dépense pour 232 hectolitres d'alcool à 100°.

Le prix de revient d'un hectolitre d'alcool en flegmes est de   52,10

Ajouter les frais de rectification   17,00

Prix de revient de l'hectolitre d'alcool pur et rectifié . . .   69,10

Déduction faite des intérêts et de l'amortissement, les frais de fabrication sont de 8^{fr},28 par 1000 kilos de betteraves, ou 19^{fr},10 par hectoli tred'alcool à 100°.

Le total de 8^{fr},28 pour frais de fabrication par 1000 kilogrammes de betteraves se décompose ainsi :

2,38 main-d'œuvre.

1,25 levûre et acide sulfurique.

0,07 divers.

1,20 force motrice, machine à vapeur.

1,00 frais généraux, éclairage.

1,19 combustible transporté à l'usine.

1,19 matériel, outillage et entretien.

8,28 frais de fabrication par 1000 kilogrammes de betteraves.

CAMPAGNE DE 1861-1862.

801,000 kilogrammes de betteraves travaillées ont produit 383 hectolitres d'alcool à 100°; soit, pour 100 de betteraves, 4^{lit},78 d'alcool pur.

Dépenses.

12,874,50 valeur des betteraves travaillées à 16 francs les 1000 kilogrammes.

5618,85 frais de fabrication.

300,00 amortissement d'un dixième du brevet Champonnois.

780,00 intérêts à 6 pour 100 sur 13,000 francs des bâtiments de l'usine.

1069,50 amortissement d'un dixième sur la valeur de l'outillage.

20,672,85 total des dépenses.

4704,00 à déduire, valeur de 588,000 kilogrammes de pulpes à 8 francs les 1000 kilogrammes.

15,968,85 total de la dépense pour 383 hectolitres d'alcool à 100°.

Le prix de revient d'un hectolitre d'alcool en flegmes est de   41,60

Ajouter les frais de rectification.   17,00

Prix de revient de l'hectolitre d'alcool pur et rectifié. . . 58,60

Déduction faite des intérêts et de l'amortissement, les frais de fabrication sont de 7^{fr},05 par 1000 kilos de betteraves, ou 14^{fr},75 par hectolitre d'alcool à 100°.

Le total de 7^{fr},05 pour frais de fabrication par 1000 kilogrammes de betteraves se décompose ainsi :

1,98 main-d'œuvre.

1,16 levûre et acide sulfurique.

0,01 divers.

1,81 force motrice, frais généraux.

1,10 combustible.

0.99 matériel, outillage et entretien.

7,05 frais de fabrication par 1000 kilogrammes de betteraves.

Ces comptes de fabrication montrent que, dans ma distillerie, le prix de revient d'un hectolitre d'alcool rectifié est en moyenne de 66^{fr},30, intérêts et amortissement compris.

J'ai adopté dans ma comptabilité le prix invariable de 16 francs par 1000 kilos de betteraves, et celui de 8 francs par 1000 kilos de pulpes. Je crois être dans la vérité en estimant ainsi la valeur de la betterave et des pulpes. La distillerie doit nécessairement payer à la ferme un prix que la betterave trouverait facilement dans une sucrerie voisine. De son côté, la ferme reprend sur place toutes les pulpes, au prix de 8 francs les 1000 kilos, et je considère son marché comme avantageux.

Par mes expériences sur l'alimentation et l'engraissement du bétail, j'ai établi que la pulpe vaut les deux tiers du prix de la betterave, et l'on a vu que les animaux peuvent payer généreusement leur ration de pulpes, calculée au prix de 8 francs. Je n'ai pas cru toutefois devoir élever ce chiffre, admettant que les intérêts de la ferme et ceux de la distillerie sont intimement liés; je ne les ai séparés que pour simplifier ma comptabilité et éclairer la marche des opérations.

Le principal bénéfice réservé au cultivateur qui établit une distillerie est, suivant moi, d'obtenir sur place une nourriture abondante et économique pour un nombreux bétail.

Ce bétail fournit des quantités considérables d'un excellent fumier, communiquant aux terres de la ferme une fertilité tout exceptionnelle, que viennent augmenter encore les façons si diverses données à une récolte sarclée.

La production de l'alcool permet d'ailleurs d'attribuer à la betterave un prix rémunérateur, que ne pourraient jamais atteindre les produits d'un bétail nourri directement avec cette racine.

En résumé, au prix que nous avons établi, la ferme gagnerait encore, quand la distillerie ne ferait plus aucun bénéfice.

Dans ma distillerie, le rendement en pulpes est de 73,35 pour 100 de betteraves travaillées; ce rendement moyen a été constaté un grand nombre de fois, en pesant les pulpes obtenues d'un poids déterminé de betteraves mises en macération.

Au sortir des cuviers, les pulpes sont immédiatement mélangées avec des balles de blé et des siliques de colza dans la proportion de 5 kilogrammes de paille pour 100 kilogrammes de pulpes. Je règle les distributions de manière à ne faire consommer ce mélange qu'après trente-six heures de fermentation. Les matières pailleuses ont ainsi le temps de se ramollir, et la masse alimentaire, toute chaude, exhale une odeur vineuse agréable, qui met les animaux en appétit. Dans ces conditions, l'emploi de la pulpe m'a toujours donné les meilleurs résultats pour l'alimentation et l'engraissement de mon bétail. Les expériences et les comptes d'engraissement publiés dans ce recueil fournissent sur ce sujet un complet enseignement.

Chaque année, au commencement de la campagne, pendant les mois de novembre et de décembre, alors que les animaux sont encore dans les champs, occupés à manger les feuilles et les collets des betteraves, les pulpes obtenues chaque jour sont mises en silos à l'abri du contact de l'air. Après cinq ou six mois on retrouve ces pulpes parfaitement conservées, et elles offrent alors une précieuse ressource alimentaire en attendant les fourrages verts, qui ne poussent que tardivement en Normandie.

En parlant de l'établissement de ma distillerie, j'ai raconté comment mes débuts furent troublés par l'envahissement de la péripneumonie dans une étable renfermant quarante vaches à l'engrais. J'ai dit comment les cultivateurs environnants et les hommes employés dans ma ferme déclaraient que les pulpes étaient les véhicules de cette dangereuse maladie : sans partager cette croyance, je dois avouer que je n'étais pas sans inquiétudes, sans hésitation, et je recherchais avec anxiété quelle était la véritable cause du fléau.

Devait-on attribuer aux pulpes une si funeste influence? Je ne pouvais l'admettre, aucun cas de péripneumonie ne s'étant déclaré dans une autre étable composée de quinze bêtes à cornes également nourries à la pulpe. Dans cette étable, bien aérée d'ailleurs, mais un peu basse de plafond, la température de l'air était toujours tiède et humide ; on trouvait généralement les animaux en moiteur. En construisant la grande étable qui contenait les quarante bêtes, j'avais surtout cherché à lui donner un grand volume d'air, le grenier était supprimé, et de nombreuses ouvertures étaient pratiquées dans les murs de terre, d'ailleurs fort minces.

La température de cette étable était généralement froide; elle ne pouvait convenir à des animaux rendus très impressionnables par une alimentation tiède et aqueuse qui tend à les mettre en transpiration; j'ai donc la conviction que des refroidissements ont surtout contribué au développement de la maladie. J'ajouterai qu'ayant renoncé à mettre des vaches dans cette grande étable, la péripneumonie n'a plus fait une seule victime chez moi depuis cinq ans.

Les accidents qui surviennent à la suite de l'alimentation par les pulpes sont trop souvent dus à leur mauvaise préparation, et surtout à l'emploi peu judicieux de l'acide sulfurique pendant la fabrication : j'en citerai pour preuve un fait que j'ai trouvé dernièrement dans un journal, et que je reproduis ici.

« M. Magne a présenté à la Société centrale d'agri-
» culture des échantillons de pulpes provenant d'une
» distillerie de betteraves, dans laquelle on emploie,
» pour la macération, de l'acide sulfurique et du sul-
» fate de fer (couperose verte), dans la proportion
» de 4 litres d'acide et de 1800 grammes de sel par
» 1000 kilogrammes de betteraves. Administrée à des
» moutons, fraîche et mêlée à de petites quantités de
» balles de blé, cette pulpe a occasionné une maladie
» qui a fait périr plusieurs animaux. Les symptômes
» morbides ont disparu, ou se sont manifestés de nou-
» veau, à différents intervalles, suivant qu'on interrom-
» pait ou qu'on reprenait l'usage de cette nourriture. »

On voit que la pulpe qui a causé de si désastreux effets provenait d'une distillerie où l'on employait 4 litres d'acide sulfurique et 1800 grammes de sulfate de fer par 1000 kilogrammes de betteraves. J'ai déjà expliqué en détail que dans aucune circonstance je n'ai trouvé nécessaire de porter la proportion d'acide sulfurique au delà de 2 litres par 1000 kilogrammes de betteraves; habituellement 1 litre ou 1 litre 1/2 suffisent pour obtenir de bonnes fermentations. Sans parler du sulfate de fer ajouté à l'acide sulfurique, je ne sais dans quel but, on trouve donc sans peine la cause qui amenait la mortalité dans un troupeau soumis à un pareil régime.

J'ai analysé les pulpes obtenues dans ma distillerie. Voici les résultats de ces analyses :

Pulpes de la distillerie.

100 de pulpes contiennent :

	Eau.	Résidu.	Azote pour 100 de matière sèche.
1858. 9 décembre . .	89,14	10,86	1,77
	89,18	10,82	1,85
20 id. . . .	88,52	11,48	2,02
	88,56	11,44	1,93
1859. 3 janvier. . . .	90,06	9,94	2,01
	89,91	10,09	1,99
7 mars	88,92	11,08	2,04
	88,68	11,32	1,99
20 avril	88,78	11,22	1,68
	88,86	11,14	1,68
	890,61	109,39	18,96
Moyenne. .	89,06	10,93	1,89

	Eau.	Résidu sec.
1858. Février	91,20	8,80
id.	90,40	9,60
id.	90,20	9,80
Avril	90,80	9,20
id.	91,50	8,50
id.	90,80	9,20
	544,90	55,10
Moyenne. .	90,82	9,18

	Eau.	Résidu sec.
1862. 2 janvier	88,52	11,42
7 id.	89,67	10,33
13 id.	89,60	10,40
20 id.	89,33	10,67
25 id.	88,30	11,70
	445,42	54,52
Moyenne. .	89,08	10,90

On peut admettre que les pulpes de macération contiennent en moyenne :

Eau 89,65
Matière sèche 10,35
                                          100,00

la quantité d'azote étant de 1,89 pour 100 de la matière sèche.

J'ai eu l'occasion d'analyser comparativement les
pulpes obtenues par le système de M. Leplay. Dans ce
système, on traite directement par un jet de vapeur les
tranches de betteraves préalablement fermentées.

J'ai trouvé dans ces pulpes :

Eau 92,03
Matière sèche 7,97
                                          100,00

Ces résultats comparatifs sont discutés avec détail dans un article que j'ai adressé au *Journal d'agriculture pratique* en avril 1861 (t. Ier, nouvelle période, p. 470).

La culture de la betterave a donné dans ma ferme les résultats suivants :

Années.	Nombre d'hectares cultivés.	Rendement brut.	Rendement moyen par hectare.
		kil.	kil.
1857	19,5	749,000	38,500
1858	19	863,000	45,500
1859	19	843,500	44,160
1860	24	635,800	26,300
1861	24,5	848,000	34,500
1862	25	1043,500	44,900
			230,860

Rendement moyen pour les six années. . 38,476

J'ai donné le rendement moyen obtenu sur l'ensemble des terres de la ferme : quelques-unes de ces terres, très pierreuses, sont peu favorables à la production de la betterave.

On remarquera que la récolte a été fort mauvaise en 1860, année exceptionnellement pluvieuse et froide.

Les racines sont semées en lignes avec mon grand semoir anglais; les lignes ont entre elles un espacement de 0^m,45, et les betteraves dédoublées sont conservées à 0^m,25 de distance sur les lignes.

Après avoir essayé la culture de diverses variétés, j'ai adopté définitivement la betterave blanche à collet vert, qui donne un bon rendement à l'hectare, et dont la richesse saccharine est généralement satisfaisante.

On verra, par les analyses consignées ici, que la densité des jus donne, pour la pratique, des indications suffisantes sur la richesse saccharine des racines. La densité de 1050 correspond généralement à une bonne betterave de fabrication, contenant 8 à 10 pour 100 de sucre.

Dans le tableau qui suit, j'ai mis en regard la densité des jus, avec les déterminations faites au moyen du saccharimètre, suivant la méthode de M. Clerget; j'ai admis comme base de mes calculs que la betterave contient en moyenne 3 de charpente ligneuse et 97 de jus sucré.

Dates. 1858.	Désignation et poids.	Densité du jus.	Poids du sucre par litre de jus.	Sucre pour 100 de la betterave normale.
Févr. 12.	Une petite betterave à collet rose. Poids indéterminé	1058	110,3	10,03
12.	Betterave blanche à collet vert . .	1035	45,8	4,29
13.	Betterave à peau rouge, très saine, ne paraissant d'aucune variété pure. Son poids est de $1^k,755$.	1040	28,5	2,60
13.	Betterave à collet vert, du poids de 1612 grammes	1043	86,6	8,05
15.	Betterave à peau rose, racine blanche. Son poids est de 540 gr. .	1050	93,5	8,63
15.	Betterave à collet vert. Poids, 995 gr.	1044	80,0	7,43
15.	Grosse betterave blanche à collet vert. Son poids est de $2^k,850$.	1040	49,0	4,55
17.	Betterave blanche à peau rose, très colorée. Poids, 420 grammes. .	1055	135,7	12,47
17.	Betterave blanche à collet vert. Poids, 650 grammes.	1048	93,3	8,63
17.	Betterave à peau rose. Poids, 660 grammes	1055	121,0	11,12
	Betterave blanche à peau rose. Poids, 720 grammes.	1048	106,2	9,82
18.	Quatre betteraves râpées ensemble, deux blanches à collet vert, et deux blanches à peau rose. Leur poids ensemble est de $2^k,400$.	1051	93,5	8,63
18.	Betterave à peau rose. Poids, $1^k,410$	1050	93,5	8,63
18.	Grosse betterave blanche. Poids, $2^k,370$	1048	90,5	8,37

Dates. 1858.	Désignation et poids.	Densité du jus.	Poids du sucre par litre de jus.	Sucre pour 100 de la betterave normale.
Févr. 20.	Quatre betteraves ràpées ensemble, deux blanches à peau rose, deux blanches à collet vert. Leur poids ensemble est de 2^k,580	1046	79,0	7,32
20.	Betterave blanche à peau rose. Poids, 850 grammes	1052	95,2	8,80
	Betterave blanche à collet vert. Poids, 1^k,190.	1052	99,7	9,10
22.	Quatre betteraves ràpées ensemble, deux blanches à collet vert, deux blanches à peau rose. Leur poids ensemble est de 1^k,960	1048	95,3	8,81
22.	Une betterave blanche à peau rose, du poids de 1^k,100	1046	87,1	8,07
22.	Une betterave blanche à collet vert, du poids de 1^k,580	1049	88,8	8,20
Mars 5.	Quatre betteraves ràpées ensemble, deux blanches à peau rose et deux à collet vert. Poids des quatre betteraves, 3^k,700 . . .	1052	110,5	10,18
5.	Betterave blanche à collet vert. Poids, 910 grammes.	1054	107,9	9,92
5.	Betterave blanche à peau rose. Poids, 960 grammes.	1053	98,9	9,10
6.	Betterave blanche à peau rose. Poids, 1^k,250.	1042	58,3	5,42
6.	Quatre betteraves ràpées ensemble, deux blanches à peau rose, deux blanches à collet vert. Poids, 2^k,620	1054	114,1	10,49
6.	Betterave blanche à collet vert. Poids, 1^k,020.	1047	91,7	8,49
11.	Trois petites betteraves à peau rose, de chez M. le comte de Malartic, à Tôtes. Poids, 975 grammes. .	1050	122,27	11,28
11.	Betterave blanche à collet vert, de chez M. le comte de Malartic. Poids, 970 grammes.	1040	75,53	7,03
11.	Grosse betterave blanche à collet vert, de chez M. le comte de Malartic. Cette betterave a un peu souffert de la gelée. Poids de cette betterave, 2^k,310 . . .	1043	71,94	6,69

Dates. 1858.	Désignation et poids.	Densité du jus.	Poids du sucre par litre de jus.	Sucre pour 100 de la betterave normale.
Mars 11.	Trois betteraves blanches à collet vert, râpées ensemble et pesant 3^k,590, de chez M. de Malartic.	1049	93,50	8,63
16.	Trois betteraves blanches à collet vert. Poids, 2^k,550	1046	75,53	7,00
Avril 8.	Betterave blanche à collet vert. Cette betterave est molle, un peu ridée, mais très saine. Poids, 1^k,340.	1055	97,10	8,92
9.	Trois betteraves blanches à peau rose. Poids, 1^k,900	1054	115,10	10,58
9.	Une betterave à peau rouge assez intense. Son poids est de 910 gr.	1054	110,50	10,16
9.	Deux betteraves blanches à collet vert. Poids, 1^k,390	1054	87,13	8,01
9.	Une betterave remise par M. Estancelin. Belle grosseur et très saine. Son poids est de 6^k,820 .	1047	64,72	5,99
9.	Même variété que la précédente, mais plus monstrueuse encore. Son poids est de 9^k,200. . . .	1033	23,37	2,19
10.	Quatre betteraves remises par M. Dailly. Ces betteraves sont de la variété blanche à collet vert. Leur poids est de 3^k,750.	1053	96,14	8,85
13.	Trois betteraves remises par M. Dailly. Elles pèsent ensemble 2^k,620.	1057	113,29	10,39
13.	Quatre betteraves remises par M. Dailly. Poids des quatre racines, 3^k,675.	1056	102,50	9,41
15.	Six betteraves remises par M. Dailly et pesant ensemble 3^k,400. Ces betteraves blanches à collet vert sont petites et mal conformées.	1048	81,91	7,48
15.	Trois betteraves blanches à collet vert, remises par M. Dailly. Ces betteraves pèsent ensemble 2^k,070	1055	91,31	8,76
15.	Trois betteraves blanches à collet vert; assez dures, petites racines mal conformées. Poids, 1^k.800.	1049	93,50	8,64

Dates. 1858.	Désignation et poids.	Densité du jus.	Poids du sucre par litre de jus.	Sucre pour 100 de la betterave normale.
Avril 17.	Quatre betteraves champêtres ou disettes. Poids, 3ᵏ,300. Jus fortement coloré en rouge.	1037	62,00	5,80
17.	Deux betteraves blanches à collet vert. Poids, 1ᵏ,620.	1047	81,75	7,57
21.	Trois betteraves disettes, pesant ensemble 2ᵏ,200.	1036	52,96	4,95
21.	Une betterave disette pesant 1ᵏ,100.	1037	39,56	3,70
21.	Deux betteraves blanches à collet vert. Poids, 1ᵏ,500.	1050	89,92	8,30
28.	Une betterave disette bien saine. Poids, 870 grammes	1028	17,31	1,63
28.	Trois betteraves dites disettes. Leur poids est de 1ᵏ,630 grammes.	1037	55,75	5,21
28.	Deux betteraves blanches à collet vert. Poids, 1ᵏ,200.	1054	102,05	9,43
Oct. 22.	Betterave blanche à collet vert, récoltée chez M. le comte de Malartic. Poids, 2ᵏ,500.	1048	93,50	8,65
Oct. 22.	Trois betteraves blanches à collet vert. Poids, 2ᵏ,985.	1061	136,66	12,49
23.	Une betterave blanche, peu de collet. Poids, 550 grammes	1057	140,30	12,87
23.	Une grosse betterave à collet vert. Poids, 2ᵏ,920.	1036	69,15	6,47
23.	Trois betteraves blanches de Silésie à collet vert. Leur poids est de 2ᵏ,650.	1050	108,72	10,04
23.	Trois betteraves, variété blanche de Silésie à collet vert, pesant ensemble 2ᵏ,190.	1057	129,50	11,88
23.	Deux betteraves blanches de Silésie à collet vert. Poids, 2ᵏ,130.	1058	128,80	11,80
23.	Deux betteraves choisies dans la récolte. Poids, 1ᵏ,180.	1063	142,10	12,96
25.	Trois betteraves blanches à collet rose. Poids, 2ᵏ,930.	1052	114,10	10,52
25	Deux betteraves à peau rose, même variété que ci-dessus. Poids des deux racines, 2ᵏ,300	1038	65,50	6,12
1859. Oct. 2.	Deux betteraves blanches à collet vert. Poids, 1ᵏ,050.	1056	121,10	11,30

Dates. 1859.	Désignation et poids.	Densité du jus.	Poids du sucre par litre de jus.	Sucre pour 100 de la betterave normale.
Octobre.	Deux betteraves fourchues variété améliorée par M. Vilmorin. Leur poids est de 1ᵏ,435.	1074	161,80	14,61
	Une betterave semblable à la précédente. Poids, 895 grammes	1074	188,80	17,05
	Deux betteraves à collet vert. Poids, 1ᵏ,350.	1058	113,60	10,41
	Deux betteraves à collet rose. Poids 1ᵏ,070.	1060	140,20	12,82
Nov. 15.	Deux betteraves variété disette. Poids, 2ᵏ,250	1044	77,10	7,16
15.	Deux betteraves, à collet vert, pesant ensemble 2ᵏ,080	1050	107,91	10,07
15.	Quatre betteraves, trois vertes et une rose. Poids, 1ᵏ,520	1047	131,20	11,90
1860. Janv. 17.	Quatre betteraves, deux vertes et deux roses. Poids, 1ᵏ,750.	1044	115,10	10,69
17.	Deux betteraves, une verte et une rose. Poids, 1ᵏ,090.	1043	107,91	10,63
Févr. 2.	Deux betteraves à collet vert. Poids, 1ᵏ,540.	1052	125,89	11,60

Betteraves de la distillerie.

100 de betteraves contiennent :

	Eau.	Résidu.	Azote pour 100 de résidu sec.
1858. 9 décembre	84,59	15,41	1,06
	84,46	15,84	1,07
20 id.	84,88	15,12	0,86
	84,95	15,05	1,00
1859. 3 janvier	85,52	14,48	1,04
	84,97	15,03	1,02
7 mars	86,12	13,88	1,07
	85,63	14,37	1,11
20 avril	85,83	14,17	1,01
	85,95	14,05	0,95
	852,60	147,40	10,19
Moyenne.	85,26	14,74	1,02

		Eau.	Résidu sec.
1862. 2 janvier	....	84,20	15,80
7 id.	....	81,99	18,01
7 id.	....	81,10	18,90
13 id.	....	83,33	16,67
13 id.	....	84,05	15,95
20 id.	....	82,90	17,10
20 id.	....	87,87	16,13
20 id.	....	84,65	15,35
22 id.	....	81,85	18,15
22 id.	....	81,30	18,70
24 id.	....	82,15	17,85
		911,39	188,61
Moyenne.	.	82,85	17,14

Il ressort de ces analyses que les betteraves de la
distillerie contiennent en moyenne :

Eau	....	84,06
Matière sèche	....	15,94
		100,00

la quantité d'azote étant de 1,02 pour 100 de la
matière sèche.

Le cultivateur qui distille ses betteraves peut établir,
ainsi qu'il suit, le revenu moyen d'un hectare cultivé
en racines :

En recettes par hectare.

40,000 kilogrammes de betteraves produisant 16
hectolitres d'alcool, à un prix moyen de 60 francs, soit
960 francs.

En dépenses par hectare.

Dédoublement et frais de sarclage.	70,fr.
Arrachage, chargement, mise en silos	60
Amortissement de l'outillage et intérêts. . . .	100
Valeur des fumiers	150
Total des dépenses.	380 fr.
Excédant en recettes.	580
Total égal. .	960 fr.

La valeur des pulpes représente à peu près exactement les frais de fabrication. On voit par ce calcul que la betterave passant par la distillerie agricole donne un assez bon revenu au cultivateur.

En Allemagne et sur les bords du Rhin, on distillait depuis longtemps, dans les plus petites exploitations rurales, les grains et les pommes de terre.

M. le comte Paul de Leusse vient de publier sur ce sujet un intéressant ouvrage (1). Il donne la description d'un appareil fort simple, peu coûteux, permettant de soumettre à la distillation les farineux et les grains. L'alcool obtenu par l'ingénieux procédé qu'emploie M. de Leusse peut être livré, dans son pays, à la consommation sans rectification préalable. C'est là un avantage que ne présente pas jusqu'alors la distillation agricole de la betterave.

Je tiens à constater, en terminant, que l'établissement des distilleries dans nos fermes est un véritable progrès.

(1) *Distillation agricole de la pomme de terre, des topinambours et des grains,* par le comte Paul de Leusse. Paris, 1863.

La culture de la betterave se développe dans nos riches contrées, le bétail augmente et devient meilleur. Le jour où, par des procédés aussi simples, nous pourrons extraire directement le sucre de la betterave, au lieu de le détruire pour la distillation, un plus grand progrès sera encore réalisé.

RECHERCHES CHIMIQUES

SUR LA

RESPIRATION DES ANIMAUX D'UNE FERME.

L'étude de la respiration des animaux a été faite principalement, jusqu'ici, à un point de vue physiologique ou médical. Mais cette étude présente également un grand intérêt pour l'agronomie, car elle nous fournit des renseignements utiles pour diriger l'hygiène, l'alimentation et l'engraissement des bestiaux ; enfin elle se lie, d'une manière intime, aux phénomènes de la vie des végétaux, qui puisent incessamment dans l'atmosphère l'acide carbonique et les produits azotés fournis par la respiration de ces milliers d'êtres vivants qui sont répandus à la surface du sol.

Nous avons publié en 1849 (1), M. Regnault et moi, les résultats de nombreuses expériences sur la respiration des animaux des diverses classes. Dès cette époque, j'avais formé le projet de poursuivre ces recherches, en me préoccupant avant tout de l'intérêt agronomique, c'est-à-dire en cherchant les variations de composition que les animaux ordinaires d'une ferme font subir à l'air atmosphérique. Lorsque je mis ce projet à exécution, je n'avais plus le secours direct de l'éminent col-

____

(1) *Annales de chimie et de physique*, 3ᵉ série, t. XXVI

laborateur qui avait présidé à nos premiers travaux ; mais ses conseils et sa bonne amitié ne m'ont pas fait défaut, et M. Regnault a bien voulu faire exécuter, à Paris, les appareils qui m'étaient nécessaires pour opérer dans ma ferme, sur des animaux d'un grand volume.

Dans mes nouvelles expériences, j'ai suivi la méthode directe adoptée dans nos premières recherches ; je me suis imposé la condition de faire séjourner les animaux pendant longtemps, dans un volume d'air limité, mais qui était ramené constamment à l'état normal par le jeu même des appareils. L'oxygène nécessaire à la respiration était fourni incessamment par des gazomètres qui contenaient un grand volume de ce gaz, préparé avec le plus grand soin. L'acide carbonique, qui est le produit principal de la respiration, était régulièrement absorbé par des dissolutions alcalines, et l'on pouvait, à la fin de l'expérience, connaître avec une grande précision, et la quantité d'oxygène consommé par l'animal, et celle de l'acide carbonique produit. Quant aux autres produits gazeux provenant de la respiration, on les trouvait dans l'atmosphère de l'espace dans lequel l'animal avait séjourné, et les proportions de ces gaz étaient toujours assez petites pour que la composition de cette atmosphère différât peu de celle de notre atmosphère terrestre.

Telle était la disposition générale des expériences ; mais le volume des animaux de la ferme, sur lesquels j'ai dû opérer dans ce nouveau travail, les poids considérables d'oxygène absorbé et d'acide carbonique exhalé, ajoutaient des difficultés nouvelles qu'on n'a pu surmonter qu'avec des moyens mécaniques puissants.

DESCRIPTION DE L'APPAREIL.

Ensemble.

(Planche II.)

L'appareil se compose :

1° De l'espace AB en forme elliptique (pl. II), dans lequel est renfermé l'animal.

2° D'un *condenseur* pour l'acide carbonique formé pendant la respiration, qui est représenté par les grands ballons C, C'.

3° De deux *gazomètres* G, G', remplaçant constamment l'oxygène absorbé.

Avant d'arriver dans l'espace qui renferme l'animal, ce gaz est mesuré par un compteur E, et traverse une couche de potasse liquide contenue dans un flacon N.

Un *manomètre* M, en communication avec la cloche X, indique la tension du gaz intérieur ; enfin une pipette à gaz P permet de puiser dans la cellule où se trouve l'animal un volume déterminé d'air pour le soumettre à l'analyse.

Nous allons donner une description détaillée de chacune des parties de cet appareil ; le lecteur pourra suivre cette description en se reportant, soit aux planches de détails III, IV, V et VI, soit aux figures 1 et 2 de la planche II, qui donne l'ensemble en élévation et en projection.

Espace dans lequel est enfermé l'animal.

(Planches II et III.)

Il se représente par un cylindre à section elliptique AB (pl. III, fig. 1 et 2), de tôle rivée enduite d'un vernis très solide : ce cylindre, dont la capacité est d'environ 550 litres, se trouve entouré d'eau de tous côtés, comme on le voit par les figures, à l'exception de la paroi F, qui est mobile, pour effectuer l'entrée et la sortie de l'animal. La forme elliptique est la plus favorable pour contenir, sous le moindre volume, un animal debout, comme le représente la figure 1 (pl. III), où on le voit reposant, sur un plancher à claire-voie qui laisse passer ses déjections liquides ou solides.

Aussitôt que l'animal a été introduit, on ferme cette entrée à l'aide d'une plaque rigide de tôle, en interposant une lanière de caoutchouc vulcanisé enduite sur ses deux faces de mastic au minium. Cette lanière est percée de trous pour livrer passage aux boulons à vis, qui, par leur pression sur ce milieu élastique et pâteux interposé, rendent complète la fermeture de la cellule.

La caisse à eau SS UU dans laquelle la cellule se trouve immergée, est d'une capacité de 500 litres environ. Le niveau de l'eau est représenté par la ligne ponctuée nn. Un thermomètre à mercure DE, à réservoir très allongé, indique la température de l'eau, qui est maintenue constante pendant toute la durée des expériences ; cette précaution étant indispensable pour conserver le même volume d'air au commencement et à la fin de l'expérience.

Le cylindre porte à sa partie supérieure une large douille munie d'une gorge profonde, dont on voit le détail plus en grand en G.

On insère dans cette rainure une cloche de verre X,

après avoir rempli la rainure de mastic de fontenier en fusion. Cette cloche porte une monture traversée par quatre tubulures correspondant à autant de tubes.

1° Par le tube m, la cloche communique avec un manomètre à mercure M (pl. VI, fig. 7), qui donne à tout instant la tension du gaz intérieur ; le tube x engagé dans la même tubulure rejoint une pipette à gaz (pl. VI, fig. 3), qui permet, à un moment quelconque de l'expérience, de puiser dans la cloche un volume déterminé d'air pour le soumettre à l'analyse.

2° Par les deux tubes jI, la cloche communique avec l'appareil condenseur d'acide carbonique.

3° Enfin, le quatrième tube o, muni d'un robinet, sert à l'introduction du gaz oxygène nécessaire à la respiration de l'animal.

On voit dans la figure 2, au bas de la caisse à eau, le robinet qui sert à la vider au besoin.

Appareil condenseur d'acide carbonique.

(Planches II et IV.)

L'appareil condenseur de l'acide carbonique consiste en deux grands ballons de verre à deux tubulures C, C' (pl. IV), contenant chacun 35 litres environ, et communiquant entre eux par leurs tubulures inférieures, au moyen d'un tube de caoutchouc vulcanisé $qq''q'$, recouvert extérieurement de toile, de $3^m,30$ de longueur et $0^m,07$ de diamètre. Les tubulures supérieures portent des montures métalliques m, m', qui communiquent avec la cloche par l'intermédiaire des longs tubes *nljj'*, *n'l'll'*.

Sur une longueur de 1 mètre environ, les tubes *nl* et *n'l'* sont de caoutchouc vulcanisé recouvert de toile, pour se prêter au mouvement d'oscillation des deux ballons. Il est nécessaire de garnir intérieurement ces tubes avec une spirale métallique, pour empêcher leur aplatissement pendant la marche. Tous les autres tubes de l'appareil sont de plomb et soudés à l'étain sur les tubulures de la cloche.

On met dans les vases C, C', 43 litres environ d'une solution de potasse caustique, dont on connaît rigoureusement la composition et le volume.

Les deux ballons C, C' sont placés sur des supports mobiles, formés par les cadres de fer *post*, *p'o's't'*, qui sont mis en mouvement par le balancier $\alpha\epsilon O \alpha'\epsilon'$, et guidés dans leur marche par les tringles verticales *uv*, *zw*, *u'v'*, *z'w'*. Le balancier reçoit un mouvement d'oscillation au moyen d'une force motrice empruntée à la machine à vapeur attachée à mon exploitation agricole; elle lui est communiquée par un arbre FF' réuni à un autre arbre parallèle GH par une courroie reposant sur les têtes en pomme de pin F'G. En H, ce dernier arbre est terminé par une vis sans fin qui s'engrène sur le pignon I'. Par le mouvement de rotation continue de ce pignon, la barre I''T exécute un mouvement de manivelle qui communique au balancier $\alpha\epsilon O \alpha'\epsilon'$ un mouvement d'oscillation, au moyen de la bielle I''K qui les réunit, mouvement dont on peut augmenter ou diminuer l'amplitude, en faisant varier le point de jonction des extrémités de la bielle, au moyen des trous à goupille diversement éloignés du centre, que portent les tiges I"T et OK. On peut régler ainsi le temps employé à exécuter le mouvement d'aller et de retour.

Dans le cours de mes expériences, cette durée était habituellement de 72 secondes, temps pendant lequel chaque ballon aspirait et refoulait son volume d'air; il s'ensuit qu'en 72 secondes le volume d'air soumis à l'action de la potasse était de 70 litres environ.

On voit en Y la poignée d'embrayage.

Les ballons C, C', reçoivent ainsi, dans le sens vertical, un mouvement d'oscillation dont il est facile de comprendre l'effet. Supposons le ballon C au point le plus bas de sa course. et, par suite, le balon C' au point le plus élevé. Le ballon C sera alors entièrement rempli par la dissolution de potasse, tandis que le ballon C' sera rempli d'air, lequel communique librement avec celui de la cloche, par l'intermédiaire du tube I'II'. Donnons maintenant le mouvement inverse : amenons le ballon C' au point le plus bas de sa course, et le ballon C au point le plus élevé. La potasse passera de C en C', et renverra dans la cloche l'air qui remplissait C', et qui a été débarrassé d'acide carbonique par son contact avec la potasse. Une autre portion de l'air de la cloche se rendra dans le ballon C, et y déposera son acide carbonique. Afin que l'absorption de l'acide carbonique par la potasse se fasse d'une manière plus efficace, on a rempli les deux ballons de tubes de verre ouverts aux deux bouts; les parois de ces tubes restent mouillées de potasse lorsque les ballons se vident de la dissolution alcaline, et présentent par conséquent une large surface absorbante.

Le ballon C′ prend l'air au sommet de la cloche par le tube l′ll′n′; l'autre, C, le prend au contraire dans la région inférieure, par le tube j′jln (pl. III, fig. 1 et 2), de sorte que le jeu de l'appareil détermine non-seulement l'absorption de l'acide carbonique à mesure qu'il se forme par la respiration, mais il produit encore une agitation continuelle de cet air et tend à lui donner une composition uniforme dans les diverses parties de l'espace AB. Enfin, à la partie inférieure du gros tube de jonction, de caoutchouc, il existe un robinet R qui sert à évacuer la dissolution de potasse à la fin de l'expérience. Quand, au contraire, on veut en introduire dans les ballons, au commencement de l'expérience, on enlève le petit tube de jonction de la douille supérieure n ou n′, puis on y insère un entonnoir dans lequel on verse alors facilement la dissolution de potasse dont le volume a été exactement mesuré.

Gazomètres.

(Planches II et V.)

Les gazomètres G, G′, représentés dans la planche V, en élévation par la figure 1, et en projection sur terre par la figure 2, sont de tôle rivée et vernie, d'une contenance de 220 litres chacun. Ils sont composés, comme la plupart des appareils de ce genre, d'une cuve surmontée d'une cloche, avec contre-poids DD′; des galets roulant sur des tringles verticales servent à les guider.

La figure 1 représente le gazomètre G plein de gaz, et le gazomètre G' à moitié plein, et en coupe dans sa partie inférieure.

Chaque gazomètre est muni de deux tubes t, t', servant, l'un à l'entrée et l'autre à la sortie du gaz, communiquant à d'autres tubes verticaux placés en dehors, x ou x', qui portent des robinets r ou r' sur leur jonction, pour établir ou rompre, suivant le besoin, la communication avec le générateur de gaz oxygène ou l'appareil qui renferme l'animal.

Un thermomètre T indique la température du gaz oxygène.

En ajoutant ou en enlevant les disques métalliques aux contre-poids D ou D', on règle à volonté la pression du gaz dans les gazomètres.

Pipette à gaz.

Planche VI.

A côté de l'espace qui contient l'animal, se trouve disposé un appareil manométrique, ou pipette à gaz, P (pl. VI, fig. 3), que l'on peut mettre en communication avec lui au moyen d'un tube latéral capillaire $xx'x''$ (pl. 2). A l'aide de ce manomètre garni d'un robinet de fonte qui permet de faire couler le mercure, on peut, à un moment quelconque de l'expérience, puiser dans l'atmosphère qui entoure l'animal un volume déterminé d'air, pour le soumettre à l'analyse.

Deux petits robinets coniques d'acier θ, θ'. permettent d'interrompre ou d'établir la communication. Les figures 3, 4, 5 et 6 de la planche VI donnent une idée exacte de la disposition de ces deux robinets. Pour les ajuster exactement l'un sur l'autre, on enduit l'une des surfaces *ab* (fig. 5) de caoutchouc fondu, et l'on serre les deux pièces l'une contre l'autre au moyen de la petite presse de laiton (fig. 6), qui porte une gorge conique à l'aide de laquelle on serre fortement l'un contre l'autre les deux cônes extérieurs des pièces d'acier à robinet.

Le serrage est très énergique sur tout le contour des cônes, parce que les cônes en creux de la presse (fig. 6) ont un angle à la base un peu plus aigu que les cônes en relief des pièces d'acier (fig. 4 et 5).

Avant de faire une prise de gaz, il faut toujours vérifier si le joint des deux robinets est parfaitement hermétique. La jonction opérée comme il vient d'être dit et le robinet θ restant fermé. il suffira d'ouvrir le robinet θ'. En faisant couler du mercure de la pipette, le vide se fait ainsi, et le mercure reste soulevé, si l'air ne peut rentrer par les robinets. En ouvrant alors le robinet θ, le gaz de l'appareil vient se précipiter dans la pipette. On renvoie ce gaz dans l'appareil en versant du mercure par le tube latéral $l\,l'$, et l'on répète ces opérations au moins huit ou dix fois pour être bien certain de recueillir l'air qui entoure l'animal.

J'ajouterai d'ailleurs que la pipette à gaz contient environ 150 centimètres cubes, tandis que la capacité de l'ensemble des tubes qui la réunissent au grand appareil, ne dépasse pas 25 centimètres cubes.

On voit en outre que le tube capillaire $xx'x''$ traversant la tubulure métallique de la cloche X, se bifurque dans l'intérieur de cette cloche en ee', de manière à venir puiser l'air en des points différents zz' du grand espace qui renferme l'animal (pl. III, fig. 2).

Dès que l'on a recueilli dans la pipette P le volume de gaz destiné à l'analyse, on ferme les robinets θ et θ' et l'on enlève le collier de jonction ; on verse un peu de mercure par le tube manométrique ll', de manière à conserver le gaz sous pression ; la pipette, montée sur un support mobile, peut être alors enlevée et remplacée par un appareil entièrement semblable ; les petits robinets d'acier à jonction conique, tous d'un même modèle, et s'ajustant parfaitement les uns sur les autres, facilitent ces changements, et permettent aussi de mettre la pipette à gaz en communication directe avec le tube de l'eudiomètre, pour prendre le gaz à analyser.

La figure 7 de la planche VI représente un *manomètre* à mercure M, qui est mis en communication avec l'appareil par un tube de plomb m. Ce manomètre permet de constater à chaque instant la pression du gaz contenu à l'intérieur.

Le *compteur* E (pl. VI, fig. 8) est un appareil de la fabrication de M. Brount, à Paris. Le gaz pénètre dans ce compteur en a par le tube de plomb x' venant des gazomètres, et en sort par le tube b, pour se rendre dans un flacon N contenant une dissolution de potasse. Ce vase, faisant fonction de flacon laveur, permet aussi de suivre la marche de l'opération et de se rendre compte du passage du gaz. De ce flacon laveur part un autre tube de plomb *d* qui conduit le gaz oxygène dans l'appareil où est placé l'animal.

Les tubulures du flacon **N** sont couvertes par une couche d'eau que contient un vase de zinc *vv'*, mastiqué sur le flacon lui-même.

Préparation de l'oxygène.

L'oxygène est préparé en décomposant par la chaleur un mélange de 800 grammes de chlorate de potasse et de 600 grammes de bioxyde de manganèse. L'appareil que l'on emploie consiste en une cornue de fonte **C** (pl. **VI**, fig. 2). formée de deux parties se rejoignant par le milieu à l'aide de deux clavettes fortement enfoncées dans des boulons. Entre ces deux parties on met une couche d'argile qui opère une fermeture suffisante. Cette cornue, supportée par un trépied, est chauffée par la flamme d'une forte lampe à alcool et est mise en communication avec un appareil laveur qui consiste en un flacon à trois tubulures **L**, d'une capacité de 8 litres et contenant environ 4 litres de potasse en dissolution.

Immédiatement après la cornue, est disposé un appareil destiné à laisser perdre une certaine quantité de gaz oxygène au commencement de sa préparation, avant de le laisser passer dans le flacon laveur.

Cet appareil se compose d'une éprouvette de verre **E**, exhaussée par deux rondelles de bois *d* et *d'*; elle contient une couche de 5 à 6 centimètres de mercure *m* qui occupe le fond, et par-dessus une colonne d'eau *e* de 15 centimètres environ.

Au commencement de la préparation du gaz, la communication entre la cornue et le flacon laveur étant intercepteé par le robinet de cuivre R, on force le gaz produit à passer dans l'éprouvette par le tube adducteur h. Si l'on a eu soin de retirer la rondelle d placée sous cette éprouvette, de façon à faire arriver le tube adducteur dans l'eau seulement, le gaz pourra s'échapper librement.

Après avoir perdu 8 à 10 litres d'oxygène, alors que l'on est sûr que tout l'air contenu dans la cornue a été chassé, on remet sous l'éprouvette E la rondelle d qui avait été retirée, et aussitôt on ouvre le robinet R. Le tube qui était engagé dans l'eau, plongeant maintenant dans le mercure, est mis alors sous une pression suffisante pour forcer le gaz à passer dans le flacon laveur L. Il se rend par le tube de plomb t dans les gazomètres placés à côté, et qui sont disposés pour le recevoir.

Une fois que la cornue a été chauffée, vingt-cinq ou trente minutes suffisent pour obtenir 200 litres de gaz environ : il est indispensable de donner aux tubes de dégagement un diamètre assez large pour suffire à l'écoulement du gaz qui se produit en très grande abondance; avec cette précaution, la préparation de l'oxygène ne présente plus aucun danger. Le gazomètre se remplit sous une pression qui ne dépasse pas 4 à 5 centimètres de liquide soulevé dans le tube de sûreté t'.

La figure 1 de la planche VI représente différents ballons exactement jaugés, qui servent à mesurer la dissolution de potasse placée dans l'appareil condenseur de l'acide carbonique.

Il me paraît utile de donner ici quelques explications détaillées sur la marche générale des expériences et sur les précautions qui ont été prises pour en assurer le succès.

L'animal introduit dans la cellule, on place la porte F et l'on serre avec soin tous les écrous ; deux ou trois minutes suffisent pour cette manœuvre. Dès que la fermeture est complète, on met en mouvement l'appareil condenseur qui contient un volume de potasse caustique exactement jaugé. L'acide carbonique s'absorbe, et suivant les indications du manomètre, on introduit la quantité d'oxygène nécessaire pour maintenir à peu près constante la pression intérieure. Cependant l'expérience ne commence définitivement qu'après avoir laissé séjourner l'animal pendant quinze minutes environ dans l'appareil. Il est ordinairement tout haletant après la lutte qu'il faut engager avec lui pour l'introduire dans la cellule ; il est donc absolument nécessaire de laisser le calme se rétablir ; les conditions de température s'équilibrent d'ailleurs pendant cet espace de temps, et le mélange de l'air s'opère ainsi complétement dans toutes les parties de l'appareil.

Au moment où commence l'expérience, on fait une prise de gaz dans la cellule et l'on recueille en même temps, par le robinet R, un volume connue de la solution de potasse, de manière à déterminer exactement par l'analyse les proportions d'acide carbonique qu'elle renferme au commencement de l'expérience. On tient compte de l'indication du manomètre, après la prise de gaz et le prélèvement de la potasse pour analyses, a pression atmosphérique étant observée. L'apparei condenseur, dont le jeu avait été suspendu un instant pendant le temps nécessaire à la prise de potasse, est immédiatement mis en marche pour ne plus s'arrêter qu'à la fin de l'expérience. On règle l'introduction de l'oxygène de manière à avoir un excès de pression de $1^{mm},5$ environ dans l'intérieur de l'appareil.

Pour terminer l'expérience, on doit commencer les préparatifs une heure à l'avance. A cet effet, on ramène d'abord la température de l'eau du réservoir à être rigoureusement la même qu'au commencement, on la maintient stationnaire à ce point et on l'agite fréquemment. Par une introduction forcée d'oxygène, on établit dans l'appareil un excès de pression de 2 à 3 centimètres, et pendant que l'oxygène correspondant à cet excès de pression se consomme, on a le temps nécessaire pour se mettre en mesure de terminer convenablement l'expérience. On attend, pour cela, le moment où la pression dans l'intérieur de la cellule est devenue rigoureusement égale à la force élastique de l'air extérieur, telle qu'elle était au commencement. Comme, généralement, le baromètre a changé, il faut conserver au gaz intérieur une différence de pression égale à cette variation du baromètre. J'ai pu généralement remplir rigoureusement cette condition : si d'ailleurs il existe une différence entre la pression finale et la pression initiale, on peut faire entrer ces données dans le calcul de l'expérience.

D'un autre côté, lorsqu'il reste encore un excès de pression, on a ajusté la pipette à gaz avec les soins indiqués précédemment ; on fait couler le mercure du tube manométrique pour remplir la pipette de gaz ; on renvoie de nouveau ce gaz dans l'appareil, et l'on répète ces opérations un certain nombre de fois jusqu'à ce que le gaz intérieur ait acquis la force élastique normale ; on fait alors la prise de gaz définitive.

L'analyse du gaz pris au commencement et à la fin de l'expérience se fait par les procédés eudiométriques décrits avec détail dans le mémoire que nous avons publié, M. Regnault et moi. On opère d'abord l'absorption de l'acide carbonique, puis on ajoute au gaz restant une certaine quantité de gaz de la pile, et l'on fait détoner. On mesure l'absorption, et l'on détermine la quantité d'acide carbonique formé ; enfin on ajoute un excès d'hydrogène, et l'on détermine, par combustion, ce qui reste d'oxygène.

La détermination de l'acide carbonique contenu dans la solution alcaline avant et après l'expérience se fait d'une manière précise, en suivant les indications données dans le même mémoire.

Le compteur donne très exactement le volume de l'oxygène consommé pendant l'expérience ; on déduit le volume du gaz qui a été fourni à l'animal pendant le temps nécessaire aux préliminaires.

Les expériences ont été faites :
1° Sur des moutons adultes de quatre à six ans ;
2° Sur des veaux de cinq à neuf mois ;
3° Sur des animaux de l'espèce porcine, verrat de huit mois, verrat de deux ans, grosse truie de deux ans ;

4° Sur de grosses volailles de la ferme, dindons et oies.

Les dimensions de mes appareils ne me permettaient malheureusement pas d'opérer sur de plus gros animaux adultes, tels que vaches, bœufs et chevaux, mais je ne désespère pas d'y parvenir.

Expérience n° 1.

Une brebis **A**, de six ans environ, est placée dans l'appareil le 3 décembre 1862.

Son poids est de 66 kilogrammes.

Son régime habituel se composait de paille et de pulpes de betteraves.

On ne lui donne pas de nourriture dans l'appareil.

L'expérience a duré $14^h 12^m$.

Température constante de 16°. Excès de pression à la fin de l'expérience $+ 0^{mm},3$.

L'animal est sorti en très bon état.

Composition du gaz au commencement de l'expérience.

	I.	II.	Moyenne.
Acide carbonique	1,42	1,37	1,39
Oxygène	19,37	19,25	19,31
Azote.	79,21	79,38	79,30
	100,00	100,00	100,00

Composition du gaz à la fin de l'expérience.

	I.	II.	Moyenne.
Acide carbonique	0,99	0,99	0,99
Oxygène	15,28	15,21	15,24
Hydrogène protocarboné. . .	3,96	3,91	3,93
Azote.	79,77	79,89	79,84
	100,00	100,00	100,00

Au commencement de l'expérience l'animal se trouve dans une atmosphère ainsi composée :

	lit.		gr.
Acide carbonique	6,646	pesant	13,143
Oxygène	92,322	—	132,020
Azote	379,139	—	476,197
	478,107		

A la fin de l'expérience l'atmosphère est ainsi composée :

	lit.		gr.
Acide carbonique	4,733	pesant	9,363
Oxygène	72,863	—	104,194
Hydrogène protocarboné . . .	18,789	—	13,487
Azote.	381,720	—	479,440
	478,105		

Le volume de l'oxygène fourni, ramené à l'état sec à 0° et à 760^{mm}, est de 302^{lit},265, pesant 432^{gr},239.

	gr.
Poids de l'oxygène consommé	460,065
Poids de l'acide carbonique produit.	628,900
Poids de l'oxygène contenu dans l'acide carbon.	457,400
Poids du carbone brûlé par heure	12,080
Poids de l'azote exhalé pendant l'expérience . .	3,200
Poids de l'azote exhalé en vingt-quatre heures .	5,409
Poids de l'oxygène consommé par heure	32,400
Poids de l'oxygène consommé en une heure par 1 kilogramme de l'animal	0,490
Rapport entre le poids de l'azote exhalé et celui de l'oxygène consommé. 0,0069	

	lit.
Hydrogène protocarboné exhalé pendant l'expérience.	18,789
Hydrogène protocarboné exhalé par heure . . .	1,323

Pour 100 volumes d'oxygène consommés :

    99,40 ont été employés à faire de l'acide carbonique.

    0,60 ont été employés autrement.

    100,00

Expérience n° 2.

Un mouton B, âgé de quatre ans, est placé dans l'appareil le 6 décembre 1862.

Son poids est de 65 kilogrammes.

Son régime habituel se composait de paille et de pulpes de betteraves.

On ne lui donne pas de nourriture dans l'appareil.

L'expérience a duré 12ʰ 56ᵐ.

Le gaz a été maintenu dans les mêmes conditions de pression au commencement et à la fin de l'expérience.

Température constante de 16°.

L'animal sort de l'appareil dans les meilleures conditions possibles.

Composition du gaz au commencement de l'expérience.

	I.	II.	Moyenne.
Acide carbonique	0,94	0,87	0,90
Oxygène	19,92	19,97	19,94
Azote.	79,14	79,16	79,16
	100,00	100,00	100,00

Composition du gaz à la fin de l'expérience.

	I.	II.	Moyenne.
Acide carbonique	0,76	0,75	0,76
Oxygène	16,95	16,94*	16,93
Hydrogène protocarboné	2,77	2,77	2,77
Azote.	79,52	79,57	79,54
	100,00	100,00	100,00

Au commencement de l'expérience l'animal se trouve dans une atmosphère ainsi composée :

	lit.		gr.
Acide carbonique	4,382	pesant	8,667
Oxygène.	97,092	—	138,841
Azote.	385,446	—	484,120
	486,920		

* L'oxygène a été dosé directement avec le phosphore.

A la fin de l'expérience l'atmosphère est ainsi composée :

	lit.		gr.
Acide carbonique.	3,700	pesant	7,318
Oxygène	82,435	—	117,882
Hydrogène protocarboné . . .	13,487	—	9,681
Azote	387,296	—	486,443
			486,918

Le volume de l'oxygène fourni, ramené à l'état sec à 0° et à 760^{mm}, était de 222^{lit},615, pesant 318^{gr},300.

	gr.
Poids de l'oxygène consommé	339,259
Poids de l'acide carbonique produit.	452,555
Poids de l'oxygène contenu dans l'acide carbon.	329,131
Poids du carbone brûlé par heure.	9,546
Poids de l'azote exhalé pendant l'expérience. . .	2,323
Poids de l'azote exhalé en vingt-quatre heures. .	4,311
Poids de l'oxygène consommé par heure	26,232
Poids de l'oxygène consommé par heure pour 1 kilogramme de l'animal.	0,400
Rapport entre le poids de l'azote exhalé et celui de l'oxygène consommé. 0,0068	

	lit.
Hydrogène protocarboné exhalé pendant l'expérience.	13,487
Hydrogène protocarboné exhalé par heure . . .	1,043

Pour 100 volumes d'oxygène consommés :

97,03 sont employés à faire de l'acide carbonique.
2,97 sont employés autrement.

100,00

Expérience n° 3.

Une brebis C, de six ans environ, est placée dans l'appareil le 30 octobre 1862.

Son poids est de 70 kilogrammes.

On ne lui donne pas de nourriture dans l'appareil.

L'expérience a duré 14ʰ 12ᵐ.

Le gaz a été maintenu dans les mêmes conditions de pression au commencement et à la fin de l'expérience.

Température constante de 20°.

A la fin de l'expérience on retire l'animal dans les plus mauvaises conditions : il ne peut se tenir sur ses jambes et laisse tomber sa tête ; son ventre est *météorisé*, l'air de l'appareil a une odeur infecte : la brebis paraît avoir eu une *indigestion*, des excréments liquides et d'une odeur fétide couvrent le plancher.

On avait mis dans l'appareil 2ᵏ,360 de betteraves en morceaux, la brebis n'en a pas mangé.

Composition du gaz au commencement de l'expérience.

	I.	II.	Moyenne.
Acide carbonique	1,93	1,74	1,83
Oxygène	17,48	17,52	17,50
Hydrogène protocarboné . . .	0,63	0,63	0,63
Azote.	79,96	80,11	80,04
	100,00	100,00	100,00

Composition du gaz à la fin de l'expérience.

	I.	II.	III.	Moyenne.
Acide carbonique. .	0,81	0,79	0,68	0,76
Oxygène.	6,76	6,67	6,79*	6,74
Hydrog. protocarb..	5,29	5,33	5,30	5,31
Azote.	87,14	87,19	87,23	87,19
	100,00	100,00	100,00	100,00

* L'oxygène a été dosé directement par le phosphore.

Au commencement de l'expérience l'animal se trouve dans une atmosphère ainsi composée :

	lit.		gr.
Acide carbonique.	8,558	pesant	16,928
Oxygène.	81,829	—	117,015
Hydrogène protocarboné . . .	2,956	—	2,122
Azote	374,309	—	470,132
	467,652		

A la fin de l'expérience l'atmosphère est ainsi composée :

	lit.		gr.
Acide carbonique	3,741	pesant	7,400
Oxygène	31,380	—	44,873
Hydrogène protocarboné . . .	24,879	—	17,858
Azote	407,653	—	512,012
	467,653		

Le volume d'oxygène fourni, ramené à l'état sec à 0° et à 760^{mm}, était de 283$^{lit.}$,878, pesant 405^{gr},946.

	gr.
Poids de l'oxygène consommé	478,088
Poids de l'acide carbonique produit.	661,875
Poids de l'oxygène contenu dans l'acide carbon. .	481,364
Poids du carbone brûlé par heure	12,092
Poids de l'azote exhalé pendant l'expérience. . .	41,880
Poids de l'azote exhalé en vingt-quatre heures. .	93,211
Poids de l'oxygène consommé par heure.	44,340
Poids de l'oxygène consommé en une heure par 1 kilogramme de l'animal.	0,633
Rapport entre le poids de l'oxygène exhalé et celui de l'oxygène consommé. 0,0876	

	lit.
Volume de l'hydrogène protocarboné exhalé . . .	21,923
Volume de l'hydrogène protocarboné par heure .	2,033

Expérience n° 4.

Une brebis C (la même que dans l'expérience précédente) est placée dans l'appareil le 15 novembre 1862.

Son poids est de 70 kilogrammes.

La brebis avait reçu sa ration ordinaire dès six heures du matin, et l'on avait bien recommandé qu'elle ne fût pas plus copieuse que les autres jours. L'animal se trouvait donc dans des conditions normales.

L'expérience a duré $10^h 3^m$.

Le gaz a été maintenu dans les mêmes conditions de pression au commencement et à la fin de l'expérience.

Température constante de 18°.

Au moment où l'on ouvre la porte de l'appareil, la brebis est sur ses jambes et paraît très bien portante ; elle s'élance pour sortir, et regagne la bergerie, où elle cherche instinctivement à manger.

L'air de l'appareil n'a aucune odeur fétide ; c'est l'air d'une bergerie.

L'animal a fait des excréments solides et liquides, mais il n'a pas eu d'indigestion, comme dans l'expérience précédente.

Son régime avant l'expérience se composait de pulpes de betteraves et de paille ; on n'a mis aucun aliment dans l'appareil.

Le lendemain de l'expérience, à dix heures du matin, la brebis, en très bon état, pesait 71 kilogrammes.

Composition du gaz au commencement de l'expérience.

	I.	II.	Moyenne.
Acide carbonique	0,83	0,91	0,87
Oxygène	19,24	19,57	19,40
Azote.	79,93	79,52	79,73
	100,00	100,00	100,00

Composition du gaz à la fin de l'expérience.

	I.	II.	Moyenne.
Acide carbonique	0,83	0,84	0,83
Oxygène	15,84	15,51	15,67
Hydrogène protocarboné . . .	3,13	3,28	3,21
Azote	80,20	80,37	80,29
	100,00	100,00	100,00

Au commencement de l'expérience l'animal se trouve dans une atmosphère ainsi composée :

	lit.		gr.
Acide carbonique.	4,130	pesant	8,169
Oxygène	92,098	—	131,700
Azote	378,504	—	475,401
	474,732		

A la fin de l'expérience l'atmosphère est ainsi composée :

	lit.		gr.
Acide carbonique.	3,942	pesant	7,796
Oxygène.	74,390	—	106,378
Hydrogène protocarboné . . .	15,238	—	10,938
Azote	381,162	—	478,739
	474,732		

		gr.
Poids de l'oxygène consommé (en acide carbonique seulement).	.	326,494
Poids de l'acide carbonique produit.	.	448,929
Poids du carbone brûlé par heure	.	12,180
Poids de l'azote exhalé pendant l'expérience. . .	.	3,338
Poids de l'azote exhalé en vingt-quatre heures. .	.	7,968
Poids de l'oxygène consommé par heure.	.	32,484
Poids de l'oxygène consommé en une heure par 1 kilogramme de l'animal.	.	0,464
Rapport entre le poids de l'azote exhalé et celui de l'oxygène consommé. 0,0102		lit.
Volume de l'hydrogène protocarboné exhalé. . .	.	15,238
Volume de l'hydrogène protocarboné par heure .	.	1,516

Expérience n° 5.

La même brebis C est placée dans l'appareil le 24 novembre 1862.

Son poids est de 70 kilogrammes.

Elle ne reçoit pas de nourriture pendant l'expérience.

L'expérience a duré $13^h 56^m$.

Le gaz a été maintenu dans les mêmes conditions de pression au commencement et à la fin de l'expérience.

Température constante de 16°.

Une légère fuite découverte dans le vase qui suit immédiatement le compteur ne permet pas d'admettre comme exact le volume total d'oxygène consommé et d'en tenir compte dans le calcul. Les autres données de l'expérience ne peuvent être d'ailleurs affectées par cette circonstance.

Composition du gaz au commencement de l'expérience.

	I.	II.	Moyenne.
Acide carbonique	0,83	0,93	0,86
Oxygène	19,65	19,39	19,52
Azote.	79,52	79,68	79,62
	100,00	100,00	100,00

Composition du gaz à la fin de l'expérience, une seule analyse.

Acide carbonique	0,62
Oxygène	16,23
Hydrogène protocarboné	2,27
Azote.	80,88
	100,00

Au commencement de l'expérience l'animal se trouve dans une atmosphère ainsi composée :

	lit.		gr.
Acide carbonique.	4,082	pesant	8,074
Oxygène	92,646	—	132,483
Azote.	377,892	—	474,632
	474,620		

A la fin de l'expérience l'atmosphère est ainsi composée :

	lit.		gr.
Acide carbonique.	2,943	pesant	5,821
Oxygène.	77,031	—	110,154
Hydrogène protocarboné . . .	10,774	—	7,734
Azote	383,874	—	482,146
	474,622		

	gr.
Poids de l'oxygène consommé (en acide carbon.)	365,615
Poids de l'acide carbonique produit	502,721
Poids du carbone brûlé par heure	9,840
Poids de l'azote exhalé pendant l'expérience . .	7,514
Poids de l'azote exhalé en vingt-quatre heures. .	13,036
Poids de l'oxygène consommé par heure (en acide carbonique)	26,220
Poids de l'oxygène consommé (en acide carbonique) en une heure par 1 kilogr. de l'animal.	0,375
Rapport entre le poids de l'azote exhalé et celui de l'oxygène consommé (en ac. carbon.) 0,0205	

	lit.
Volume de l'hydrogène protocarboné exhalé . . .	10,774
Volume de l'hydrogène protocarboné par heure. .	0,773

Expérience n° 6.

Un veau breton mâle, âgé de cinq mois environ, est placé dans l'appareil le 18 décembre 1862.

Son poids est de 62 kilogrammes.

L'animal était au pâturage.

On ne lui donne pas de nourriture dans l'appareil.

L'expérience a duré 13^h 8^m.

Le gaz a été maintenu dans les mêmes conditions de pression au commencement et à la fin de l'expérience.

Température constante de 16°.

L'animal sort en bon état de l'appareil, et se met à manger en rentrant à l'étable.

Composition du gaz au commencement de l'expérience.

	I.	II.	Moyenne.
Acide carbonique	0,67	0,71	0,69
Oxygène	19,84	20,01	19,92
Azote.	79,49	79,28	79,39
	100,00	100,00	100,00

Composition du gaz à la fin de l'expérience.

	I.	II.	III.	Moyenne.
Acide carbonique. .	0,76	0,88	0,83	0,82
Oxygène.	16,33	16,22	16,33	16,29
Hydrogène proto-carboné.	2,97	2,92	2,94	2,94
Azote.	79,94	79,98	79,90	79,95
	100,00	100,00	100,00	100,00

Au commencement de l'expérience l'animal se trouve dans une atmosphère ainsi composée :

	lit.		gr.
Acide carbonique	3,409	pesant	6,743
Oxygène	98,422	—	140,743
Azote.	392,257	—	492,674
	494,088		

A la fin de l'expérience l'atmosphère est ainsi composée :

	lit.		gr.
Acide carbonique.	4,051	pesant	8,012
Oxygène.	80,487	—	115,096
Hydrogène protocarboné. . . .	14,526	—	10,427
Azote	395,024	—	496,150
	494,088		

Le volume de l'oxygène fourni pendant l'expérience,
ramené à l'état sec à 0° et à 760^{mm}, était de 285^{lit},253,
pesant 407^{gr},912.

	gr.
Poids de l'oxygène consommé.	433,559
Poids de l'acide carbonique produit	513,153
Poids de l'oxygène contenu dans l'acide carbon.	373,420
Poids du carbone brûlé par heure	10,668
Poids de l'azote exhalé pendant l'expérience. . .	3,576
Poids de l'azote exhalé par vingt-quatre heures .	6,535
Poids de l'oxygène consommé par heure	33,012
Poids de l'oxygène consommé en une heure par 1 kilogramme de l'animal	0,533
Rapport entre le poids de l'azote exhalé et celui de l'oxygène consommé. 0,0081	lit.
Volume de l'hydrogène protocarboné exhalé. . .	14,526
Hydrogène protocarboné exhalé par heure . . .	1,106

Pour 100 volumes d'oxygène consommés :

86,13 ont été employés à faire de l'acide carbonique.
13,87 ont été employés autrement.

100,00

Expérience n° 7.

Un veau mâle, âgé de neuf mois, est placé dans l'appareil le 20 décembre 1862.

Son poids est de 115 kilogrammes.

L'animal était au pâturage.

On ne lui donne pas de nourriture dans l'appareil.

L'expérience a duré $11^h\ 22^m$.

Le gaz a été maintenu dans les mêmes conditions de pression au commencement et à la fin de l'expérience.

Température constante de 16°.

L'animal sort de l'appareil en très bon état.

Composition du gaz au commencement de l'expérience.

	I.	II.	Moyenne.
Acide carbonique	1,15	1,21	1,18
Oxygène	20,70	20,79	20,74
Azote	78,15	78,00	78,08
	100,00	100,00	100,00

Composition du gaz à la fin de l'expérience.

	I.	II.	III.	Moyenne.
Acide carbonique	1,22	1,35	1,45	1,34
Oxygène	16,28	15,92	16,02*	16,07
Hydrogène proto-carboné	3,75	3,85	3,80	3,80
Azote	78,75	78,88	78,73	78,79
	100,00	100,00	100,00	100,00

Au commencement de l'expérience l'animal se trouve dans une atmosphère ainsi composée :

	lit.		gr.
Acide carbonique	5,096	pesant	10,080
Oxygène	89,582	—	128,102
Azote	337,249	—	423,585
	431,927		

* L'oxygène a été dosé directement par le phosphore.

A la fin de l'expérience l'atmosphère est ainsi composée :

	lit.		gr.
Acide carbonique	5,788	pesant	11,449
Oxygène	69,411	—	99,258
Hydrogène protocarboné	16,413	—	11,782
Azote	340,316	—	427,433
	431,928		

Le volume de l'oxygène fourni pendant l'expérience, ramené à l'état sec à 0° et à 760^{mm}, était de 420^{lit},174, pesant 600^{gr},848.

	gr.
Poids de l'oxygène consommé	629,692
Poids de l'acide carbonique produit	747,162
Poids de l'oxygène contenu dans l'acide carbon.	543,390
Poids du carbone brûlé par heure	17,928
Poids de l'azote exhalé pendant l'expérience	3,848
Poids de l'azote exhalé en vingt-quatre heures	6,517
Poids de l'oxygène consommé par heure	55,380
Poids de l'oxygène consommé en une heure par 1 kilogramme de l'animal	0,481
Rapport entre le poids de l'azote exhalé et celui de l'oxygène consommé 0,0061	

	lit.
Volume de l'hydrogène protocarboné exhalé	16,413
Volume de l'hydrogène protocarboné exhalé par heure	1,444

Pour 100 volumes d'oxygène consommés :

86,29 ont été employés à faire de l'acide carbonique.

13,71 ont été employés autrement.

—————

100,00

Expérience n° 8.

Un veau mâle (le même que pour l'expérience précédente) est placé dans l'appareil le 27 décembre 1862.

Son poids est de 115 kilogrammes.

L'animal était au pâturage.

Il ne reçoit pas de nourriture dans l'appareil.

L'expérience a duré $14^h\ 37^m$.

Excès de pression au commencement de l'expérience $+0^{mm},3$.

Température constante, 16°.

L'animal sort de l'appareil en très bon état.

Composition du gaz au commencement de l'expérience.

	I.	II.	Moyenne.
Acide carbonique	1,24	1,29	1,27
Oxygène	18,98	19,05	19,01
Azote	79,78	79,66	79,72
	100,00	100,00	100,00

Composition du gaz à la fin de l'expérience.

	I.	II.	Moyenne.
Acide carbonique	1,31	1,34	1,32
Oxygène	13,71	13,44	13,57
Hydrogène protocarboné	4,58	4,58	4,58
Azote	80,40	80,64	80,53
	100,00	100,00	100,00

Au commencement de l'expérience l'animal se trouve dans une atmosphère ainsi composée :

	lit.		gr.
Acide carbonique	5,653	pesant	11,182
Oxygène	84,627	—	121,017
Azote	354,890	—	445,742
	445,170		

A la fin de l'expérience l'atmosphère est ainsi composée :

	lit.		gr.
Acide carbonique.	5,874	pesant	11,619
Oxygène.	60,386	—	86,352
Hydrogène protocarboné . . .	20,381	—	14,630
Azote.	358,353	—	450,091
	444,994		

Le volume de l'oxygène fourni pendant l'expérience,
ramené à l'état sec à 0° et à 760^{mm}, était de 478$^{lit.}$,778,
pesant 684^{gr},652.

	gr.
Poids de l'oxygène consommé	719,317
Poids de l'acide carbonique produit.	859,458
Poids de l'oxygène contenu dans l'acide carbon. .	625,060
Poids du carbone brûlé par heure.	16,038
Poids de l'azote exhalé pendant l'expérience. . .	4,349
Poids de l'azote exhalé en vingt-quatre heures. .	7,141
Poids de l'oxygène consommé par heure.	49,218
Poids de l'oxygène consommé en une heure par 1 kilogramme de l'animal.	0,428
Rapport entre le poids de l'azote exhalé et celui de l'oxygène consommé. 0,0060	
Volume de l'hydrogène protocarboné exhalé . .	20,381 (lit.)
Volume de l'hydrogène protocarboné exhalé par heure.	1,394

Pour 100 volumes d'oxygène consommés :

86,89 ont été employés à faire de l'acide carbonique.
13,11 ont été employés autrement.

100,00

Expérience n° 9.

Un gros verrat (race New-Leicester) âgé de deux ans est placé dans l'appareil le 30 décembre 1862.

Son poids est de 135 kilogrammes.

Pendant l'expérience il a consommé $2^k,450$ de betteraves.

L'expérience a duré $13^h 29^m$.

Le gaz a été maintenu dans les mêmes conditions de pression au commencement et à la fin de l'expérience.

Température constante de 16°.

A la fin de l'expérience on trouve l'animal couché très tranquille et en très bon état, peu désireux de quitter le lieu qu'il occupe.

Composition du gaz au commencement de l'expérience.

	I.	II.	Moyenne.
Acide carbonique	2,32	2,41	2,36
Oxygène	18,33	18,32	18,32
Azote	79,35	79,27	79,32
	100,00	100,00	100,00

Composition du gaz à la fin de l'expérience.

	I.	II.	Moyenne.
Acide carbonique	0,96	1,05	1,00
Oxygène	17,44	17,44	17,44
Hydrogène libre.	2,04	2,08	2,06
Azote.	79,56	79,43	79,50
	100,00	100,00	100,00

Au commencement de l'expérience l'animal se trouve
dans une atmosphère ainsi composée :

	lit.		gr.
Acide carbonique.	9,701	pesant	19,189
Oxygène.	75,307	—	107,689
Azote.	326,057	—	409,527
	411,065		

A la fin de l'expérience l'atmosphère est ainsi composée :

	lit.		gr.
Acide carbonique.	4,110	pesant	8,129
Oxygène.	71,690	—	102,517
Hydrogène libre	8,467	—	6,078
Azote	326,797	—	410,457
	411,064		

Le volume de l'oxygène fourni pendant l'expérience,
ramené à l'état sec à 0° et à 760^{mm}, était de 494^{lit},296,
pesant 706^{gr},843.

	gr.
Poids de l'oxygène consommé	712,015
Poids de l'acide carbonique produit.	806,416
Poids de l'oxygène contenu dans l'acide carbon..	586,484
Poids du carbone brûlé par heure	16,308
Poids de l'azote exhalé pendant l'expérience. . .	0,930
Poids de l'azote exhalé en vingt-quatre heures. .	1,655
Poids de l'oxygène consommé par heure	52,806
Poids de l'oxygène consommé en une heure par 1 kilogramme de l'animal	0,391
Rapport entre le poids de l'azote exhalé et celui de l'oxygène consommé. 0,0013	

	lit.
Volume de l'hydrogène libre exhalé.	8,467
Volume de l'hydrogène libre exhalé par heure. .	0,628

Pour 100 volumes d'oxygène consommés :

82,37 ont été employés à faire de l'acide carbonique.

17,63 ont été employés autrement.
____
100,00

Expérience n° 10.

Une grosse truie âgée de deux ans est placée dans l'appareil le 2 janvier 1863.

Son poids est de 105 kilogrammes.

Pendant l'expérience elle a consommé 3 kilogrammes de betteraves.

L'expérience a duré 13^h 29^m.

Le gaz a été maintenu dans les mêmes conditions de pression au commencement et à la fin de l'expérience.

Température constante de 17°,9.

L'animal sort de l'appareil en très bon état.

Composition du gaz au commencement de l'expérience.

	I.	II.	Moyenne.
Acide carbonique	2,47	2,33	2,40
Oxygène	17,71	17,63	17,67
Azote.	79,82	80,04	79,93
	100,00	100,00	100,00

Composition du gaz à la fin de l'expérience.

	I.	II.	Moyenne.
Acide carbonique	1,23	1,23	1,23
Oxygène	18,55	18,49	18,52
Hydrogène protocarboné . . .	0,31	0,29	0,30
Azote.	79,91	79,99	79,95
	100,00	100,00	100,00

Au commencement de l'expérience l'animal se trouve dans une atmosphère ainsi composée :

	lit.		gr.
Acide carbonique.	10,445	pesant	20,660
Oxygène.	76,905	—	109,974
Azote	347,878	—	436,935
			435,228

A la fin de l'expérience l'atmosphère est ainsi composée:

	lit.		gr.
Acide carbonique.	5,353	pesant	10,588
Oxygène.	80,604	—	115,264
Hydrogène protocarboné. . . .	1,306	—	0,937
Azote	347,965	—	437,044
	435,228		

Le volume de l'oxygène fourni pendant l'expérience, ramené à l'état sec à 0° et à 760^{mm}, était de 559$^{lit.}$,811, pesant 800^{gr},529.

	gr.
Poids de l'oxygène consommé	795,239
Poids de l'acide carbonique produit	935,184
Poids de l'oxygène contenu dans l'acide carbon..	680,132
Poids du carbone brûlé par heure.	18,918
Poids de l'azote exhalé pendant l'expérience. . .	0,109
Poids de l'azote exhalé en vingt-quatre heures .	0,194
Poids de l'oxygène consommé par heure.	58,980
Poids de l'oxygène consommé en une heure par 1 kilogramme de l'animal	0,561
Rapport entre le poids de l'azote exhalé et celui de l'oxygène consommé 0,00024	
Volume de l'hydrogène protocarboné exhalé. . .	1,306 (lit.)
Volume de l'hydrogène protocarboné exhalé par heure.	0,097

Pour 100 volumes d'oxygène consommé :

85,54 ont été employés pour faire de l'acide carbonique.
14,46 ont été employés autrement.

100,00

Expérience n° 11.

Un verrat âgé de huit mois est placé dans l'appareil le 11 décembre 1862.

Son poids est de 77 kilogrammes.

Il a consommé pendant l'expérience $2^k,770$ de betteraves.

L'expérience a duré $13^h 23^m$.

Le gaz a été maintenu dans les mêmes conditions de pression au commencement et à la fin de l'expérience.

Température constante de 16°.

L'animal sort de l'appareil dans les meilleures conditions de santé.

Composition du gaz au commencement de l'expérience.

	I.	II.	Moyenne.
Acide carbonique	1,77	1,69	1,73
Oxygène	19,27	19,39	19,33
Azote.	78,96	78,92	78,94
	100,00	100,00	100,00

Composition du gaz à la fin de l'expérience.

	I.	II.	III.	Moyenne.
Acide carbonique. .	1,20	1,02	1,22	1,15
Oxygène.	19,26	19,32	19,47*	19,28
Hydrogène libre . .	0,52	0,49	0,51	0,51
Id. protocarboné . .	0,37	0,40	0,38	0,38
Azote	78,65	78,77	78,72	78,68
	100,00	100,00	100,00	100,00

* L'oxygène a été dosé directement par le phosphore.

Au commencement de l'expérience l'animal se trouve dans une atmosphère ainsi composée :

	lit.		gr.
Acide carbonique	8,197	pesant	16,213
Oxygène	91,593	—	130,977
Azote	374,050	—	469,806
	473,840		

A la fin de l'expérience l'atmosphère est ainsi composée :

	lit.		gr.
Acide carbonique	5,449	pesant	10,778
Oxygène	91,356	—	130,639
Hydrogène libre	2,416	—	0,216
Hydrogène protocarboné . . .	1,800	—	1,292
Azote	372,819	—	468,260
	473,840		

Le volume de l'oxygène fourni, ramené à l'état sec à 0° et 760^{mm}, était de 337$^{lit.}$,769, pesant 483^{gr},009.

	gr.
Poids de l'oxygène consommé	483,347
Poids de l'acide carbonique produit	700,453
Poids de l'oxygène contenu dans l'acide carbon.	509,420
Poids du carbone brûlé par heure	14,268
Poids de l'azote exhalé pendant l'expérience . .	00,000
Poids de l'azote exhalé en vingt-quatre heures . .	00,000
Poids de l'oxygène consommé par heure	36,115
Poids de l'oxygène consommé en une heure par 1 kilogramme de l'animal	0,469

	lit.
Hydrogène libre exhalé pendant l'expérience . .	2,416
Hydrogène protocarboné exhalé pendant l'expérience	1,800
Hydrogène protocarboné exhalé par heure	0,134

Expérience n° 12.

Quatre oies sont placées dans l'appareil le 5 janvier 1863.

Le poids pour les quatre est de 18^k,400.

Elles ne prennent pas de nourriture pendant l'expérience.

L'expérience a duré 25^h 2^m.

Le gaz a été maintenu dans les mêmes conditions de pression au commencement et à la fin de l'expérience.

Température constante de 16°.

Les animaux sont sortis en très bon état.

Composition du gaz au commencement de l'expérience.

	I.	II.	Moyenne.
Acide carbonique	0,31	0,32	0,32
Oxygène	20,66	20,72	20,69
Azote	79,03	78,96	78,99
	100,00	100,00	100,00

Composition du gaz à la fin de l'expérience.

	I.	II.	Moyenne.
Acide carbonique	0,33	0,32	0,32
Oxygène	20,33	20,42	20,37
Azote	79,34	79,26	79,31
	100,00	100,00	100,00

Au commencement de l'expérience les animaux étaient dans une atmosphère ainsi composée :

	lit.		gr.
Acide carbonique	1,651	pesant	3,265
Oxygène	106,765	—	152,674
Azote	407,607	—	511,954
	516,023		

A la fin de l'expérience l'atmosphère est ainsi composée :

	lit.		gr.
Acide carbonique.	1,651	pesant	3,266
Oxygène.	105,113	—	150,311
Azote	409,258	—	514,028
	516,022		

Le volume d'oxygène fourni pendant l'expérience, ramené à l'état sec à 0° et à 760^{mm}, était de 216^{lit},747, pesant 309^{gr},948.

	gr.
Poids de l'oxygène consommé	312,311
Poids de l'acide carbonique produit.	298,918
Poids de l'oxygène contenu dans l'acide carbon..	217,417
Poids du carbone brûlé par heure	3,257
Poids de l'azote exhalé pendant l'expérience. . .	2,074
Poids de l'azote exhalé en vingt-quatre heures .	1,988
Poids de l'oxygène consommé par heure	12,473
Poids de l'oxygène consommé en une heure par 1 kilogramme des animaux	0,677
Rapport entre le poids de l'azote exhalé et celui de l'oxygène consommé. 0,0066	
Pas d'hydrogène protocarboné exhalé.	

Pour 100 volumes d'oxygène consommés :

69,61 ont été employés à faire de l'acide carbonique.
30,39 ont été employés autrement.

100,00

Expérience n° 13.

Deux dindons adultes sont placés dans l'appareil le 13 décembre 1862.

Leur poids est ensemble de 12^k,250.

On ne leur donne pas de nourriture.

L'expérience a duré 18^h 22^m.

Le gaz a été maintenu dans les mêmes conditions de pression, au commencement et à la fin de l'expérience.

Température constante de 16°.

Les animaux sont sortis dans les meilleures conditions.

Composition du gaz au commencement de l'expérience.

	I.	II.	Moyenne.
Acide carbonique	0,25	0,23	0,24
Oxygène	20,55	20,56	20,56
Azote.	79,20	79,21	79,20
	100,00	100,00	100,00

Composition du gaz à la fin de l'expérience.

	I.	II.	Moyenne.
Acide carbonique	0,20	0,21	0,21
Oxygène	20,37	20,40	20,38
Azote.	79,43	79,39	79,41
	100,00	100,00	100,00

Au commencement de l'expérience les animaux se trouvent dans une atmosphère ainsi composée :

	lit.		gr.
Acide carbonique.	1,291	pesant	2,554
Oxygène	110,608	—	158,169
Azote	426,078	—	535,154
	537,977		

A la fin de l'expérience l'atmosphère est ainsi composée :

	lit.		gr.
Acide carbonique	1,129	pesant	2,233
Oxygène	109,639	—	156,784
Azote	427,208	—	536,573
	537,976		

Le volume de l'oxygène fourni, ramené à l'état sec à 0° et à 760^{mm}, était de 115^{lit},13^5, pesant 164^{gr},64^0.

	gr.
Poids de l'oxygène consommé	166,025
Poids de l'acide carbonique produit	177,913
Poids de l'oxygène contenu dans l'acide carbon .	129,293
Poids du carbone brûlé par heure	2,641
Poids de l'azote exhalé pendant l'expérience . .	1,419
Poids de l'azote exhalé en vingt-quatre heures .	1,854
Poids de l'oxygène consommé par heure	9,000
Poids de l'oxygène consommé en une heure par 1 kilogramme des animaux	0,702
Rapport entre le poids de l'azote exhalé et celui de l'oxygène consommé.	0,0085

Pour 100 volumes d'oxygène consommés :

77,71 ont été employés à faire de l'acide carbonique.
22,29 ont été employés autrement.

100,00

CONCLUSIONS GÉNÉRALES.

Moutons. — EXPÉRIENCES N°ˢ 1, 2, 3, 4 ET 5.

La presque totalité de l'oxygène disparu se retrouve dans l'acide carbonique produit ; l'exhalation d'azote est très manifeste, mais on remarque en outre un dégagement d'hydrogène protocarboné beaucoup plus considérable, qui s'élève à 18^{lit},8 dans la première expérience, et à 13^{it}.4 dans la seconde.

Les trois expériences qui suivent ont été faites sur une même brebis C. Dans la première de ces expériences (*n° 3 de la série*), cette brebis avait été gavée d'aliments en dehors de son régime habituel, qui se composait, comme celui des autres moutons, de pulpes de betteraves et de paille. Peu d'heures avant son entrée dans l'appareil, le berger lui avait donné une copieuse ration de son mélangé avec de l'avoine. La bête a éprouvé une indigestion, et à la fin de l'expérience qui a duré quatorze heures douze minutes, on la retire de l'appareil dans les plus mauvaises conditions, elle ne peut se tenir sur ses jambes, elle laisse tomber sa tête, son ventre est *météorisé*.

Le trouble subi par l'animal se montre nettement dans les produits de la respiration. La proportion d'azote exhalé s'élève à 41^{gr},880 : cette proportion est quatorze fois plus considérable que pour un animal dans les conditions normales. L'hydrogène protocarboné produit est de 22 litres ; tout l'oxygène consommé se retrouve dans l'acide carbonique.

Les deux expériences n°s 4 et 5, faites à quelques jours d'intervalle sur cette même brebis C parfaitement rétablie, et se trouvant d'ailleurs dans les conditions normales de régime, montrent que les produits de la respiration reviennent aussi aux conditions normales. On retrouve pour l'azote exhalé et pour l'hydrogène protocarboné produit, des proportions qui se rapprochent de celles obtenues dans les précédentes expériences sur la brebis A et sur le mouton B.

Veaux. — EXPÉRIENCES N°s 6, 7 ET 8.

Les expériences faites sur les veaux montrent que, chez ces ruminants, le phénomène de la respiration s'accomplit, comme chez les moutons, avec une exhalation d'azote et une production considérable d'hydrogène protocarboné. Dans l'expérience n° 8, un veau de neuf mois a exhalé 20 litres de ce gaz en quatorze heures trente-sept minutes. Le rapport entre le poids de l'oxygène contenu dans l'acide carbonique et le poids de l'oxygène consommé reste constant dans les trois expériences : pour 100 d'oxygène consommé, on en retrouve en moyenne 86,44 dans l'acide carbonique.

La proportion d'oxygène fixé est plus considérable que chez les moutons.

La production de l'hydrogène protocarboné pendant la respiration des ruminants est un fait général qui me paraît lié d'une manière absolue au phénomène de la digestion. Ce gaz doit prendre naissance au sein des masses alimentaires, de nature végétale, qui sont en voie de fermentation et d'élaboration dans le premier estomac. J'ajouterai, à l'appui de cette pensée, que j'ai eu l'occasion de retrouver l'hydrogène protocarboné, en proportions considérables, dans l'estomac des ruminants qui succombent à la suite de l'indigestion gazeuse connue sous le nom de *météorisation.*

Nos anciennes expériences n'ont pas porté sur des ruminants, mais nous avons étudié la respiration des lapins, dont l'alimentation était peu différente. Nous avons reconnu également pour ces animaux une exhalation d'azote; la proportion de ce gaz rapportée au poids de l'oxgyène consommé était en moyenne de 0,0041. Le rapport entre le poids de l'oxygène contenu dans l'acide carbonique et le poids de l'oxygène consommé était de 0,92 en moyenne. Enfin, on a trouvé constamment une exhalation notable d'hydrogène protocarboné. On voit que la respiration des rongeurs diffère peu de celle des ruminants. Ces résultats confirment la conclusion que nous avons tirée de nos premières recherches, savoir que les produits de la respiration dépendent bien plus de la nature des aliments que de l'espèce animale.

Cette grande similitude dans la respiration d'animaux d'espèces diverses, soumis à une alimentation semblable, mais de poids très différents, donne à penser que la respiration des grands animaux adultes, chevaux et bœufs, doit se rapprocher beaucoup de celle des moutons et des veaux.

Espèce porcine. — EXPÉRIENCES N°s 9, 10 ET 11.

Chez les animaux de l'espèce porcine. les produits

de la respiration deviennent très différents, on trouve peu ou point d'azote exhalé ; le verrat de huit mois, expérience n° 11, en a même absorbé $1^{lit}.5$. La quantité d'hydrogène protocarboné produit devient presque nulle, tandis que l'on trouve dans l'une des expériences (n° 9, gros verrat de deux ans), 8 litres d'hydrogène libre, sans mélange de gaz carboné. Nos méthodes d'analyses eudiométriques ne peuvent laisser aucun doute sur l'exactitude de ces résultats.

Pour 100 d'oxygène consommé, on en retrouve 82 et 86 dans l'acide carbonique produit. Cependant, dans l'expérience n° 11, faite sur le jeune verrat, il y a eu exhalation d'acide carbonique.

Le poids de l'oxygène consommé étant de 483 grammes, on en retrouve 509 dans l'acide carbonique. C'est là un fait que nous avions eu plusieurs fois l'occasion de signaler dans nos premières expériences, surtout sur des animaux nourris avec des grains.

On voit que dans les produits de leur respiration, les animaux de l'espèce porcine n'offrent pas cette régularité, cette précision que présentent les moutons ou les veaux ; mais il faut bien remarquer que, tandis que les ruminants ont un régime exclusivement composé de matières végétales, les animaux de l'espèce porcine deviennent indistinctement carnivores ou herbivores.

Les trois animaux soumis aux expériences étaient en liberté dans la cour de la ferme ; ils pâturaient de l'herbe dans la journée, et recevaient le soir une ration de son, avec du lait caillé.

Volailles, oies et dindons. — Expériences Nᵒˢ 12 et 13.

L'expérience faite sur les dindons confirme les résultats que nous avions obtenus avec les poules : il y a eu exhalation d'azote. Le rapport entre le poids de l'azote exhalé et celui de l'oxygène consommé est 0,0085 pour les dindons ; nous avions trouvé en moyenne 0,0075 pour ce même rapport avec des poules nourries au grain. Pour 100 d'oxygène consommé, on retrouve 77,7 d'oxygène dans l'acide carbonique ; pour les poules, cette proportion s'élevait à 92,7.

Avec les oies, il y a eu également exhalation d'azote. Dans ces deux expériences, l'hydrogène libre et l'hydrogène protocarboné ont complétement disparu.

Les résultats de ces expériences trouveront des applications utiles dans la pratique agricole, j'en citerai un exemple. J'ai cherché à établir ce que deviendrait, au bout d'un certain nombre d'heures, l'air d'une bergerie composée de cinquante moutons d'un poids moyen de 70 kilogrammes, en admettant qu'il n'y eût aucune ventilation. Je suppose à cette bergerie 7 mètres de côté sur 3 mèt. de hauteur. Ce sont des dimensions que l'on retrouve souvent dans les anciens bâtiments de nos fermes.

Déduction faite du volume d'air déplacé par les cinquante bêtes, la bergerie renferme 133ᵐᶜ,5 d'air. Chaque mouton a donc à sa disposition 2ᵐᶜ,670 d'air.

Partant des données fournies par mon expérience, on trouve qu'en une heure douze minutes, l'air de cette bergerie contiendrait déjà un centième d'acide carbonique, soit dix centièmes en douze heures. En vingt-cinq heures, l'oxygène serait tout entier transformé en acide carbonique; l'air contiendrait deux millièmes d'azote exhalé et douze millièmes d'hydrogène protocarboné.

Or, pendant les longues nuits d'hiver, les animaux sont généralement entassés dans des bergeries qui n'ont aucun moyen de ventilation, et d'ailleurs, pour le plus grand bien de ces mêmes animaux, les bergers calfeutrent soigneusement toutes les ouvertures.

L'air que respirent les pauvres bêtes placées dans de semblables conditions doit facilement contenir des proportions considérables d'acide carbonique.

On voit donc combien, dans les bergeries et les étables, il est nécessaire d'établir un système permanent de ventilation.

LISTE DES PLANCHES.

TABLE DES MATIÈRES

FIN DE LA TABLE.

Paris. — Imprimerie de L. Martinet, rue Mignon, 2.

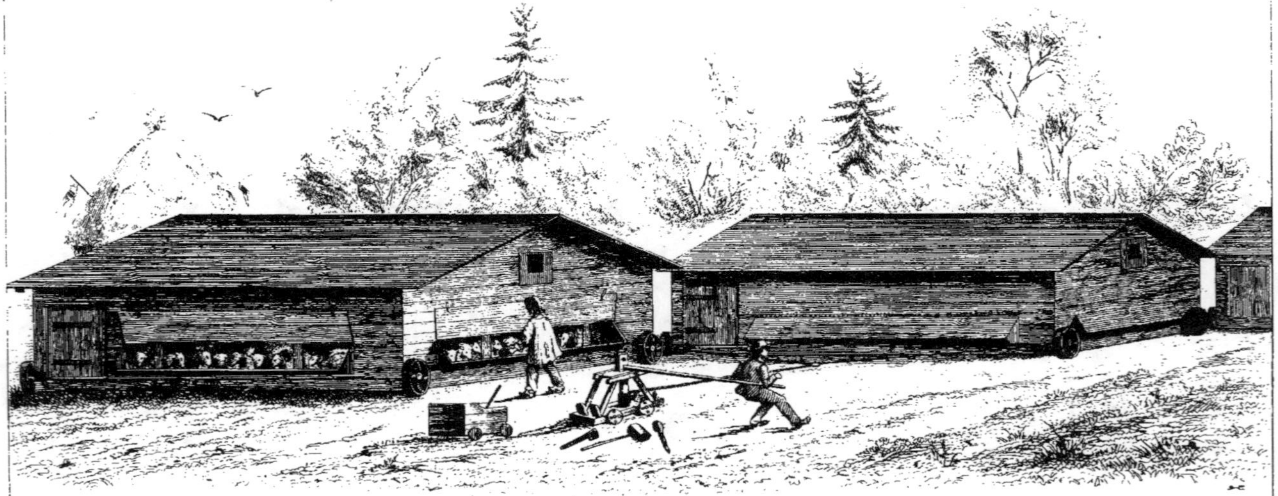

Fig. 1.
Echelle au 1/20

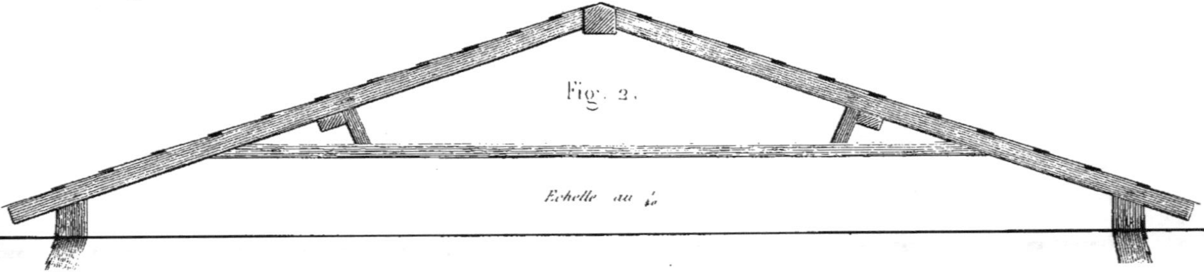

Fig. 2.
Echelle au 1/20

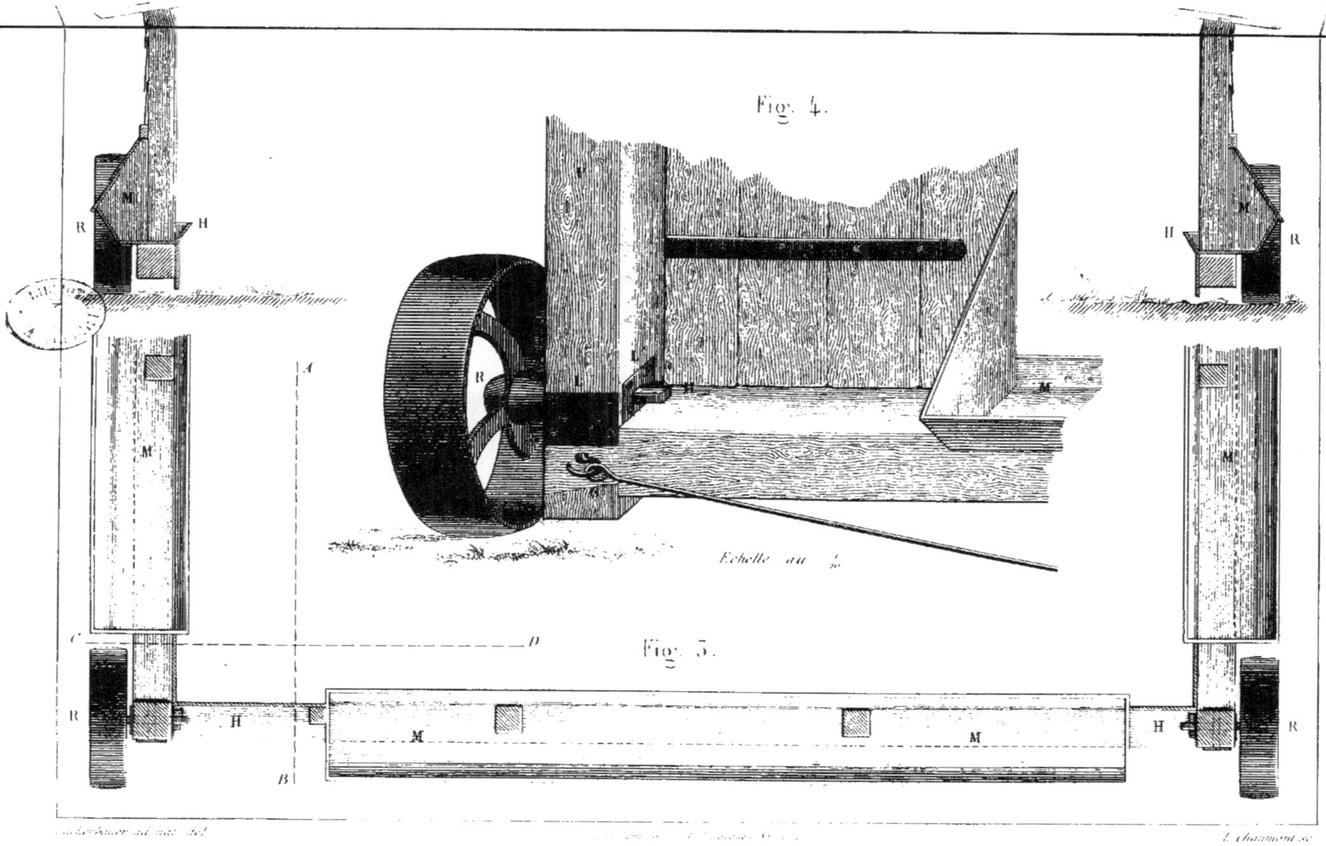

BERGERIES ET ÉTABLES MOBILES

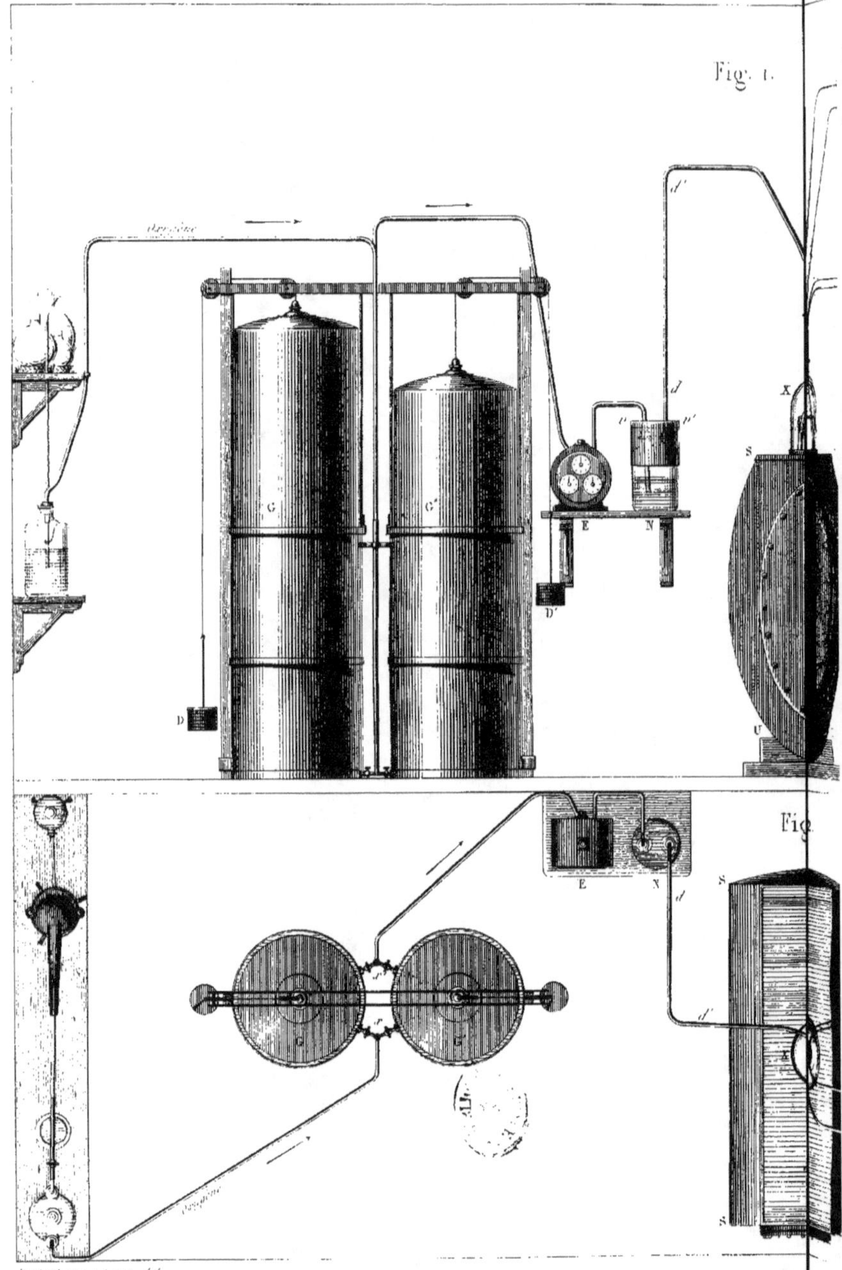

Fig. 1.
Fig.
RECHERCHES SUR

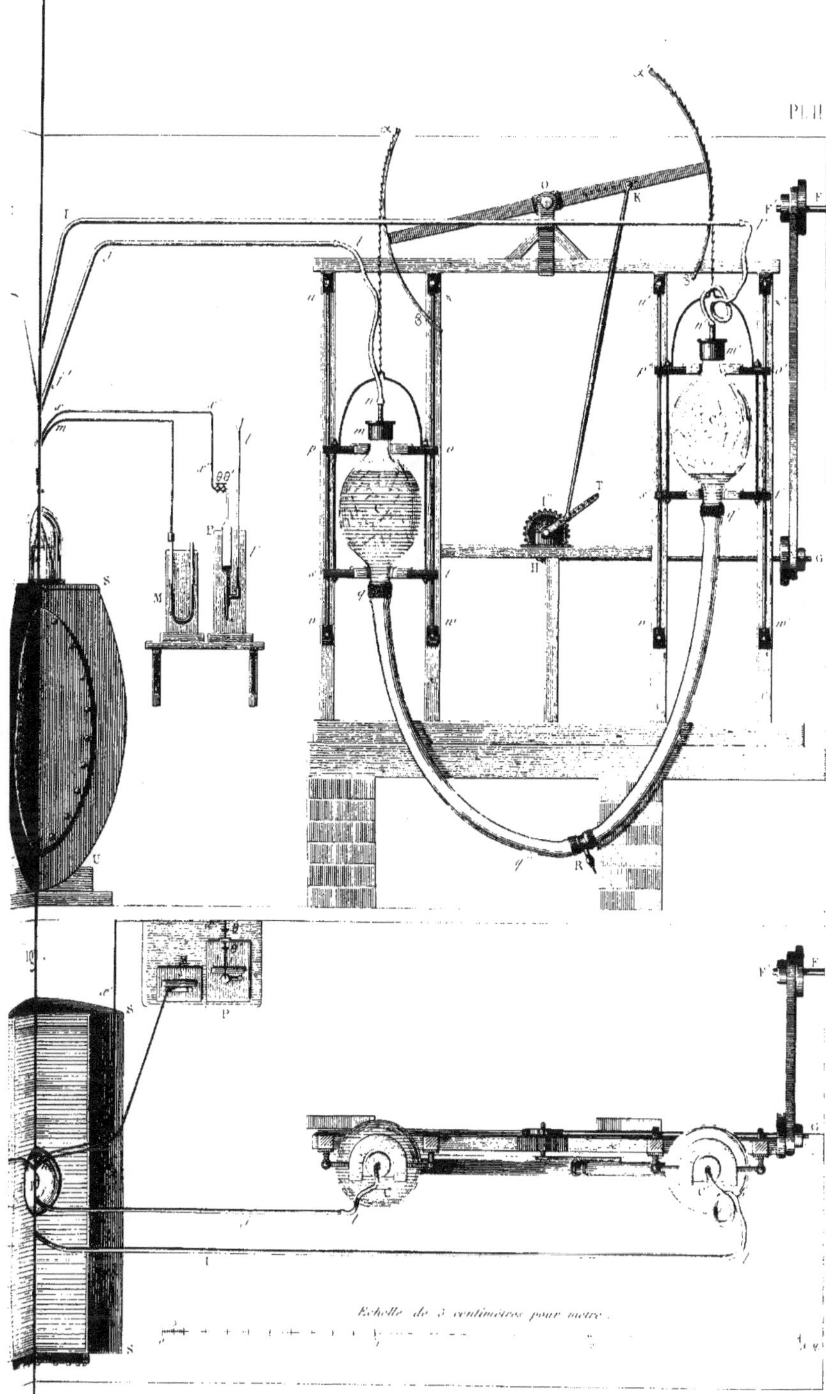

PL.II
LA RESPIRATION.
Echelle de 3 centimètres pour mètre.

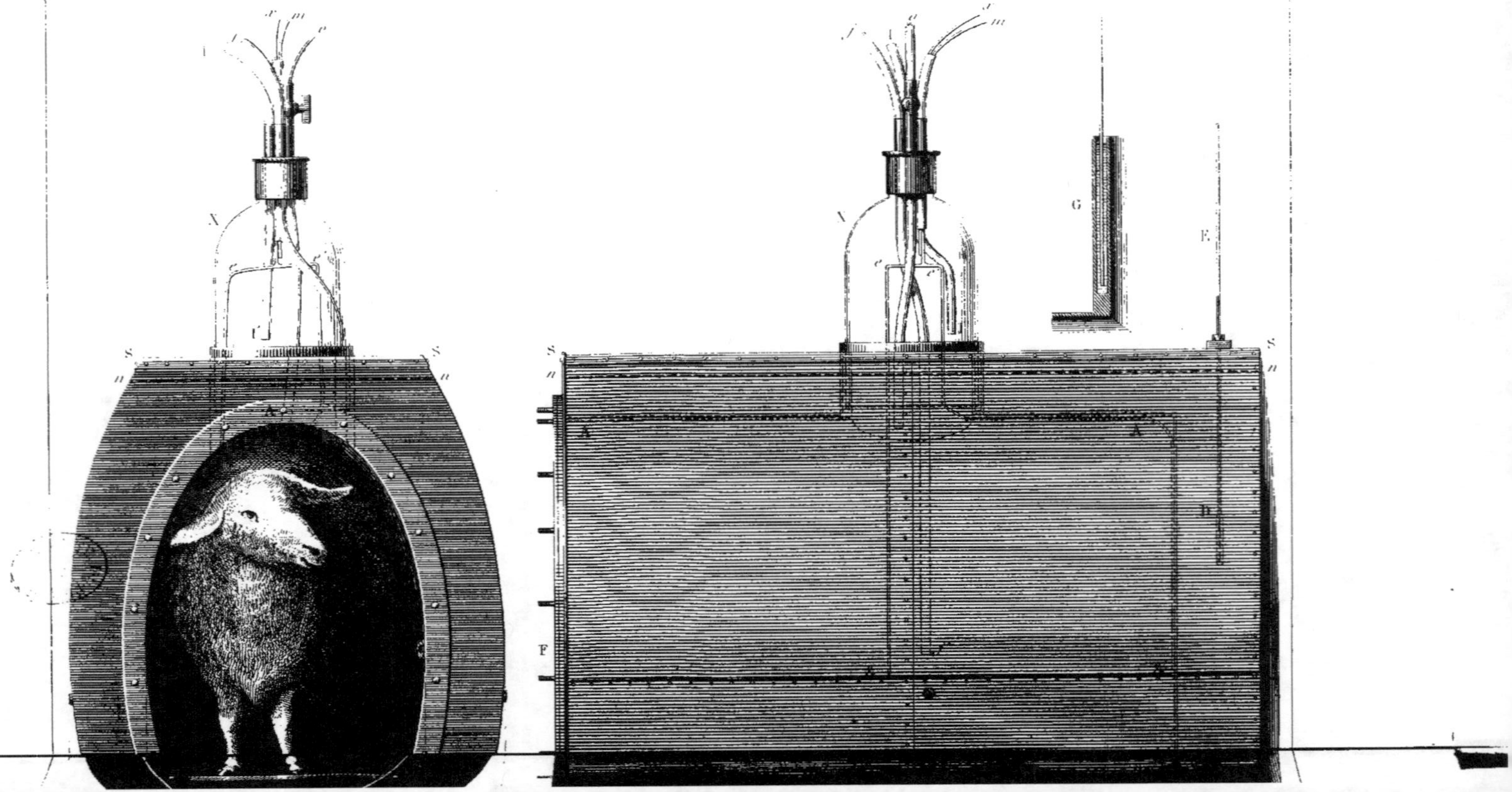

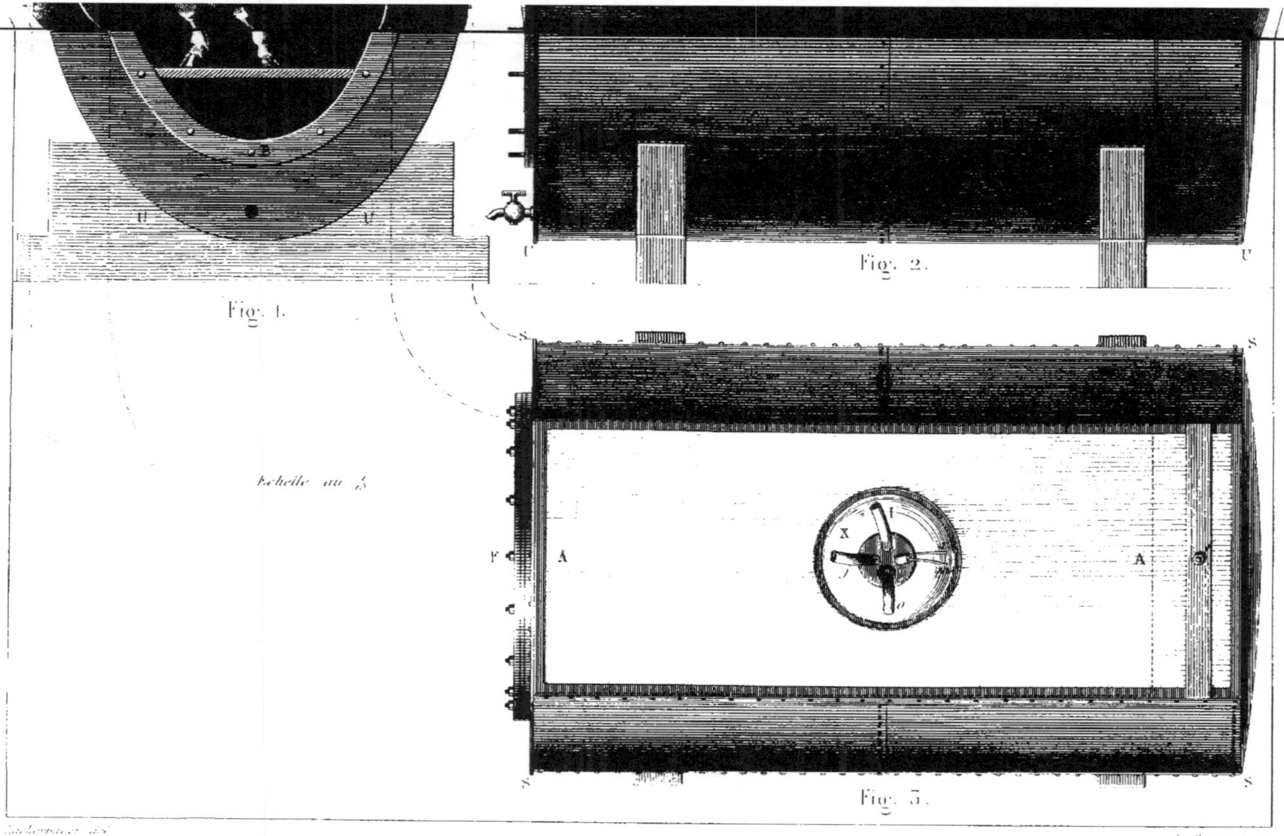

Fig. 1.
Fig. 2.
Fig. 3.
Echelle au 3
RECHERCHES SUR LA RESPIRATION

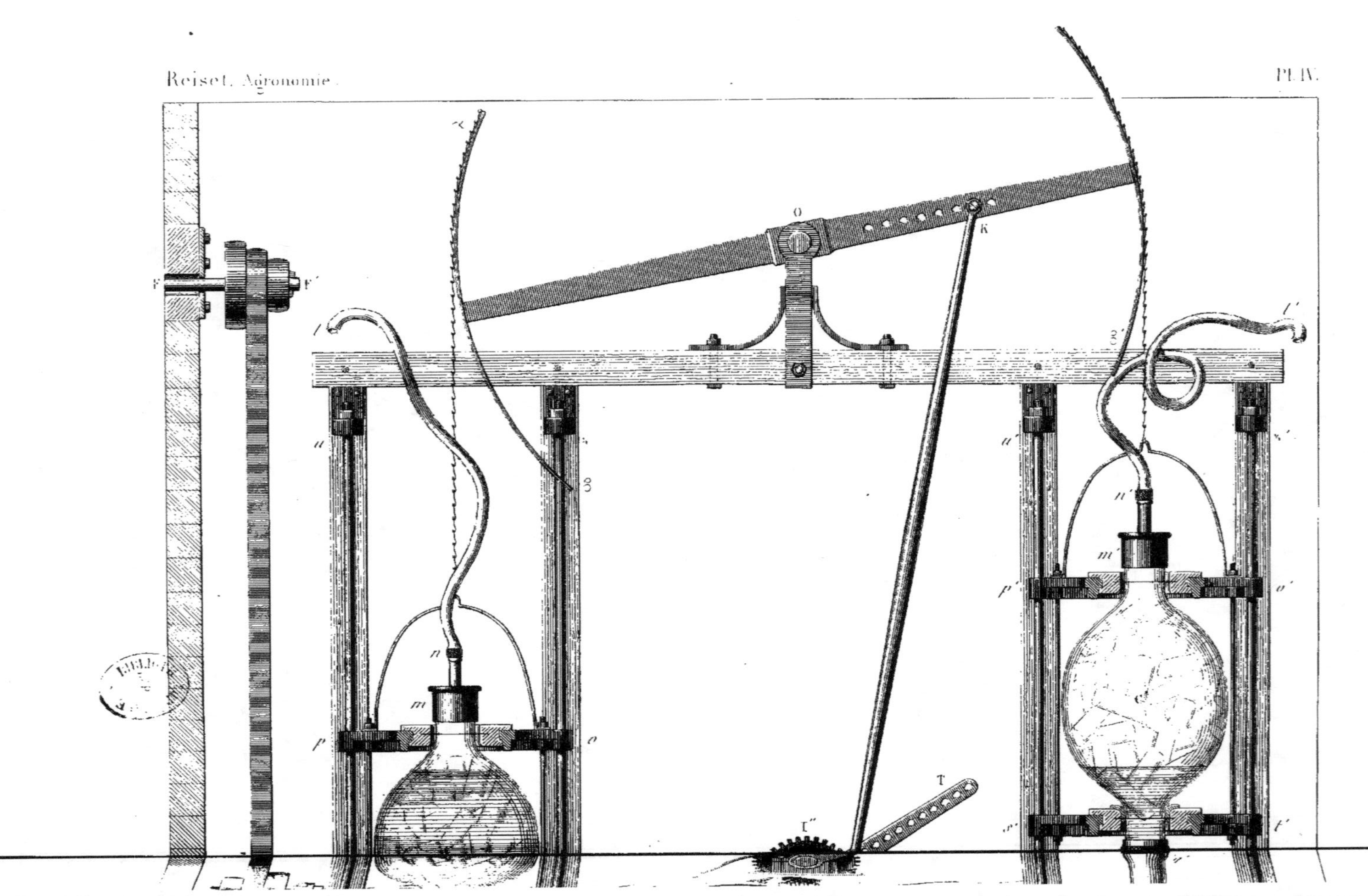

Reiset. Agronomie.
Pl. IV.

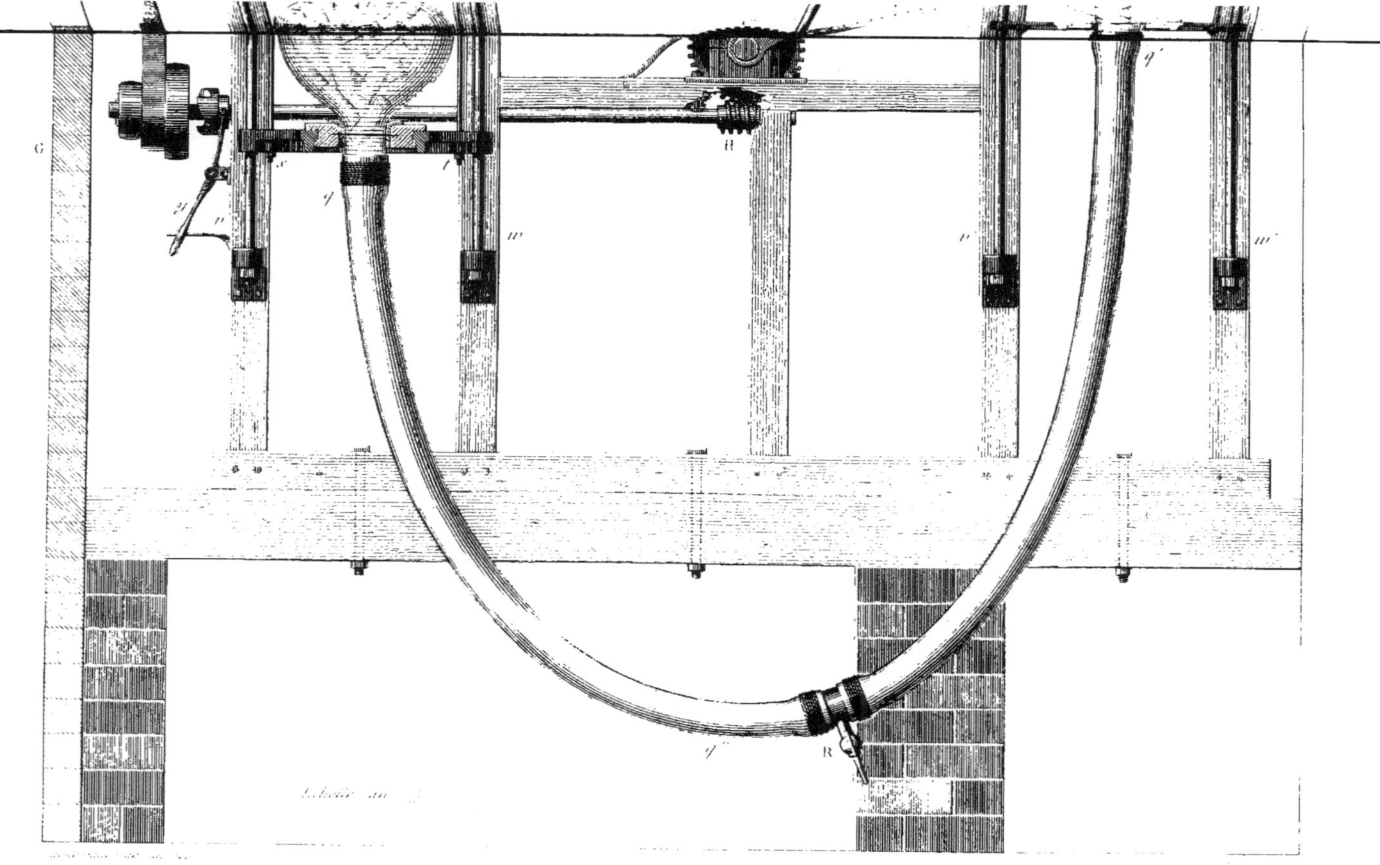

RECHERCHES SUR LA RESPIRATION.

Fig. 1.

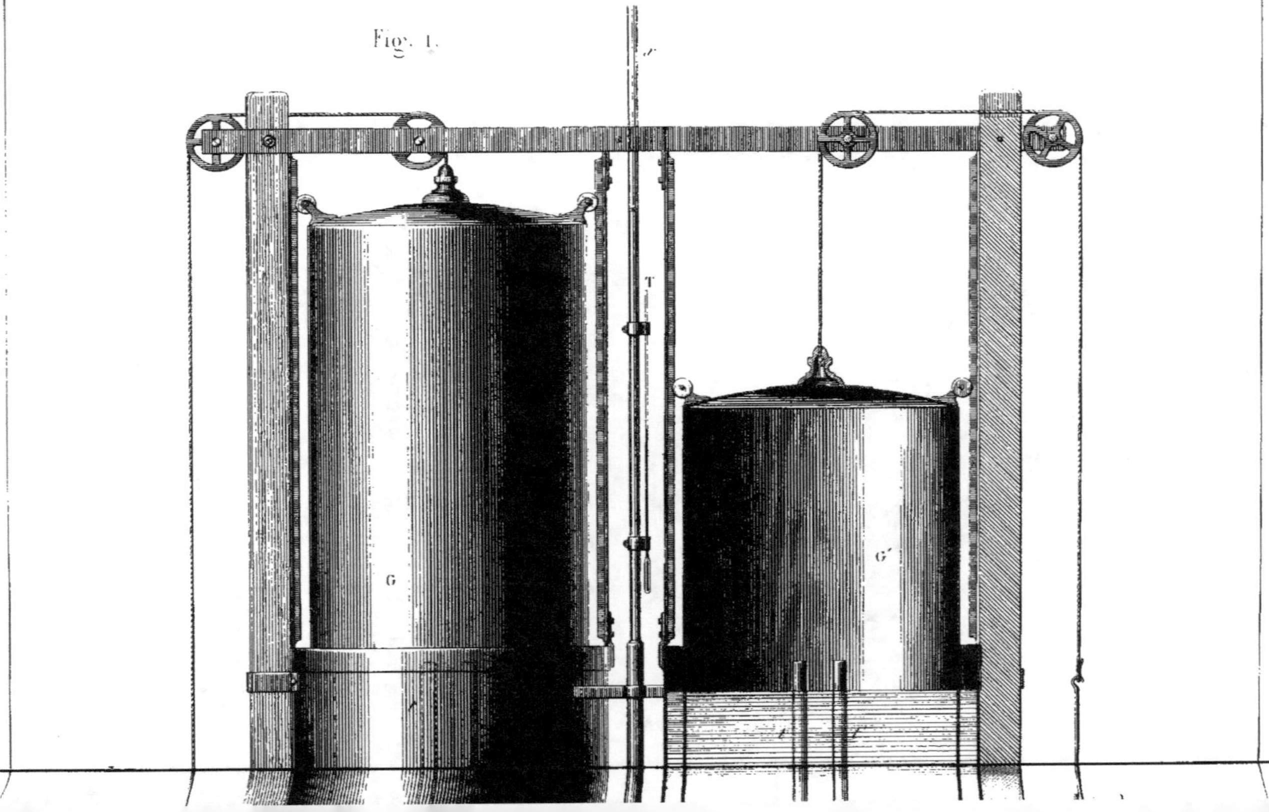

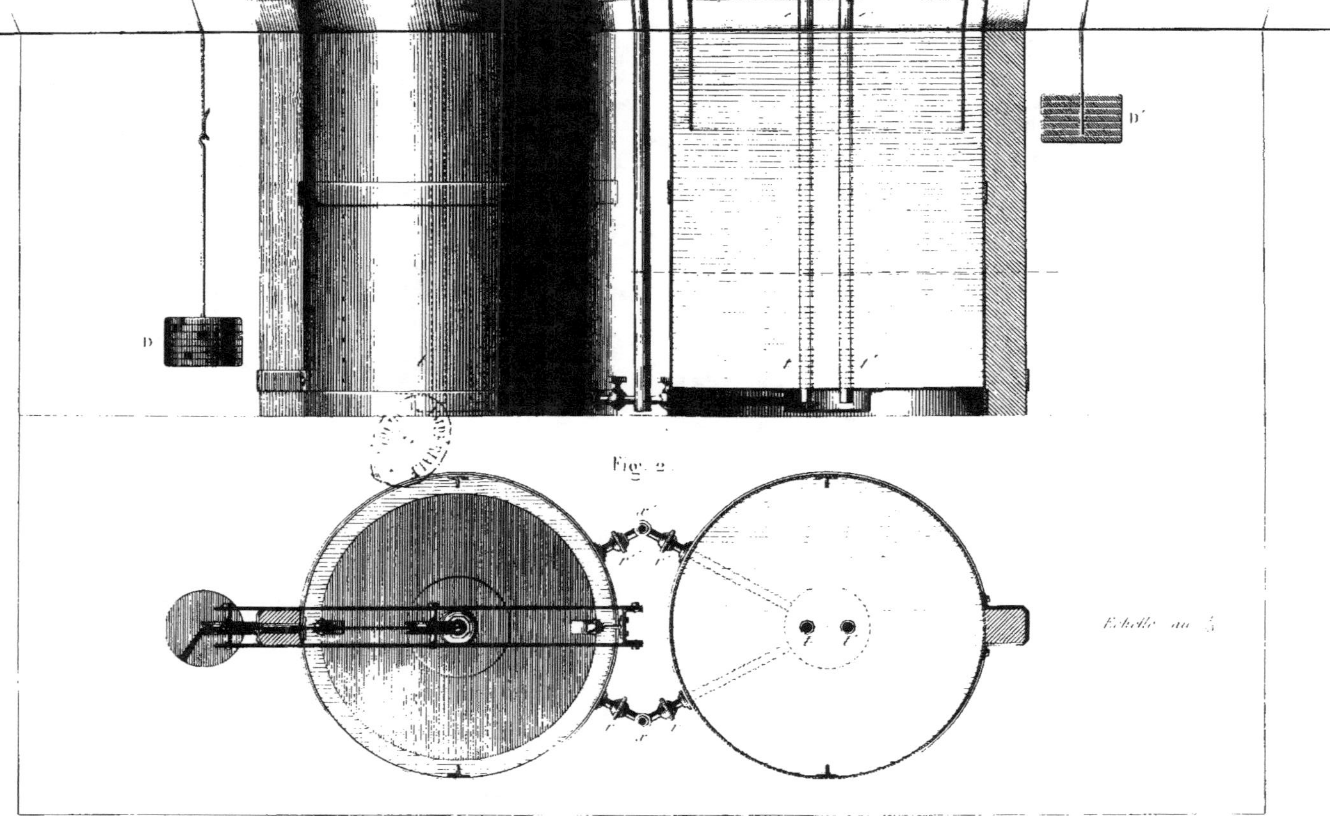

RECHERCHES SUR LA RESPIRATION

Fig. 1.
Fig. 2.

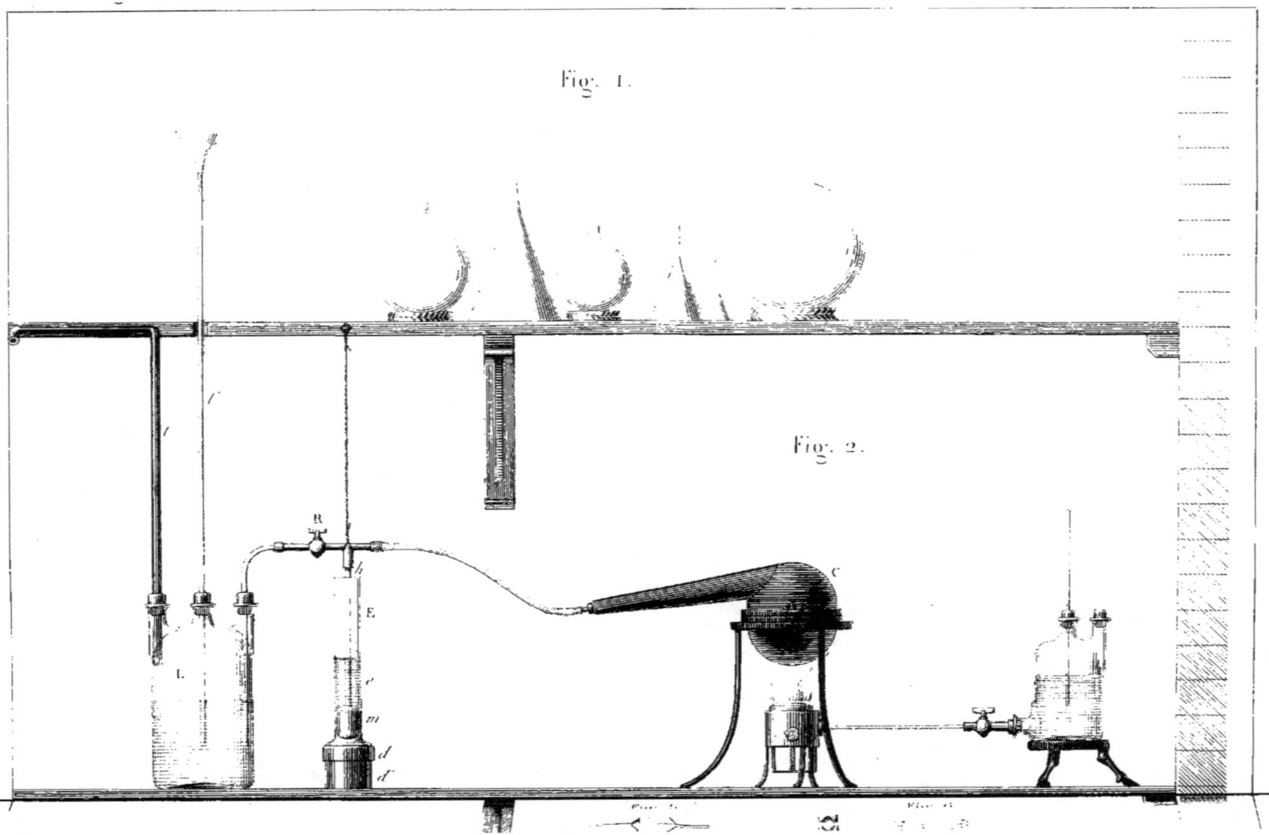

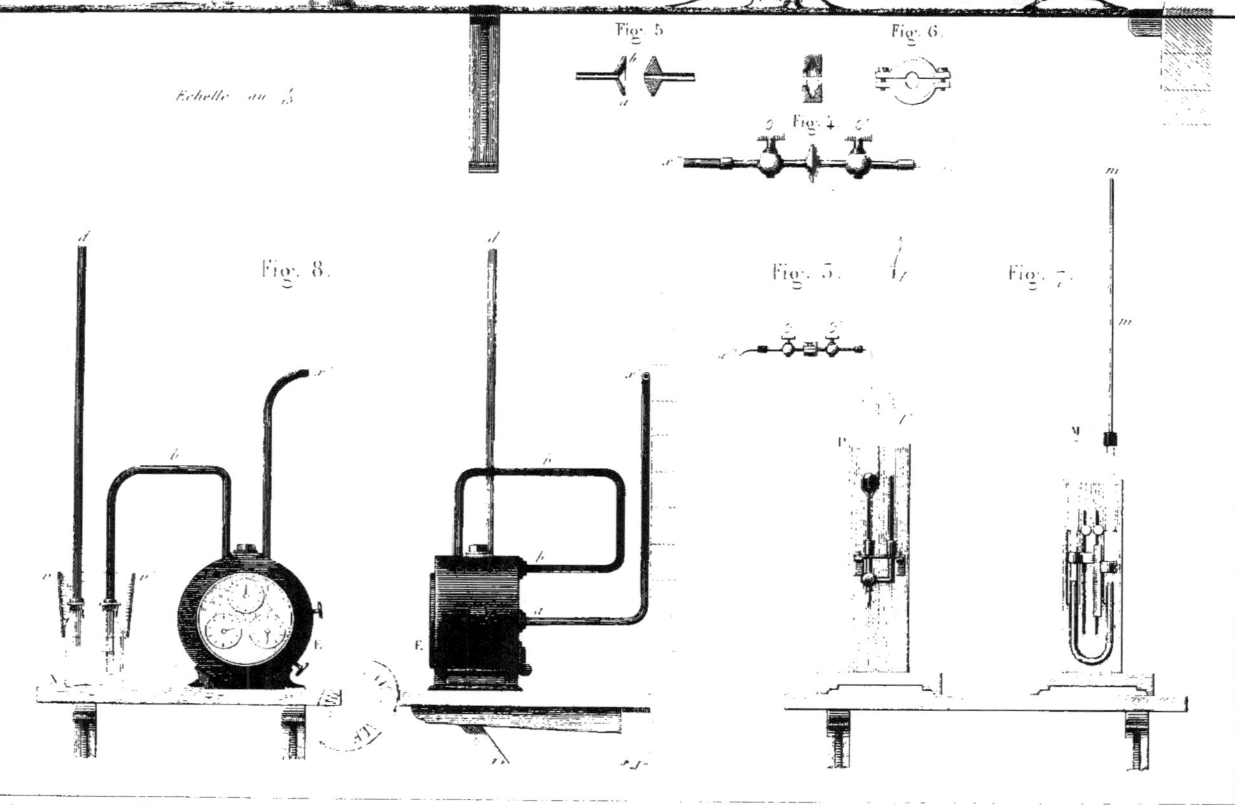

Fig. 5.
Fig. 6.
Fig. 4.
Fig. 8.
Fig. 3.
Fig. 7.
Echelle au 1/5
RECHERCHES SUR LA RESPIRATION.

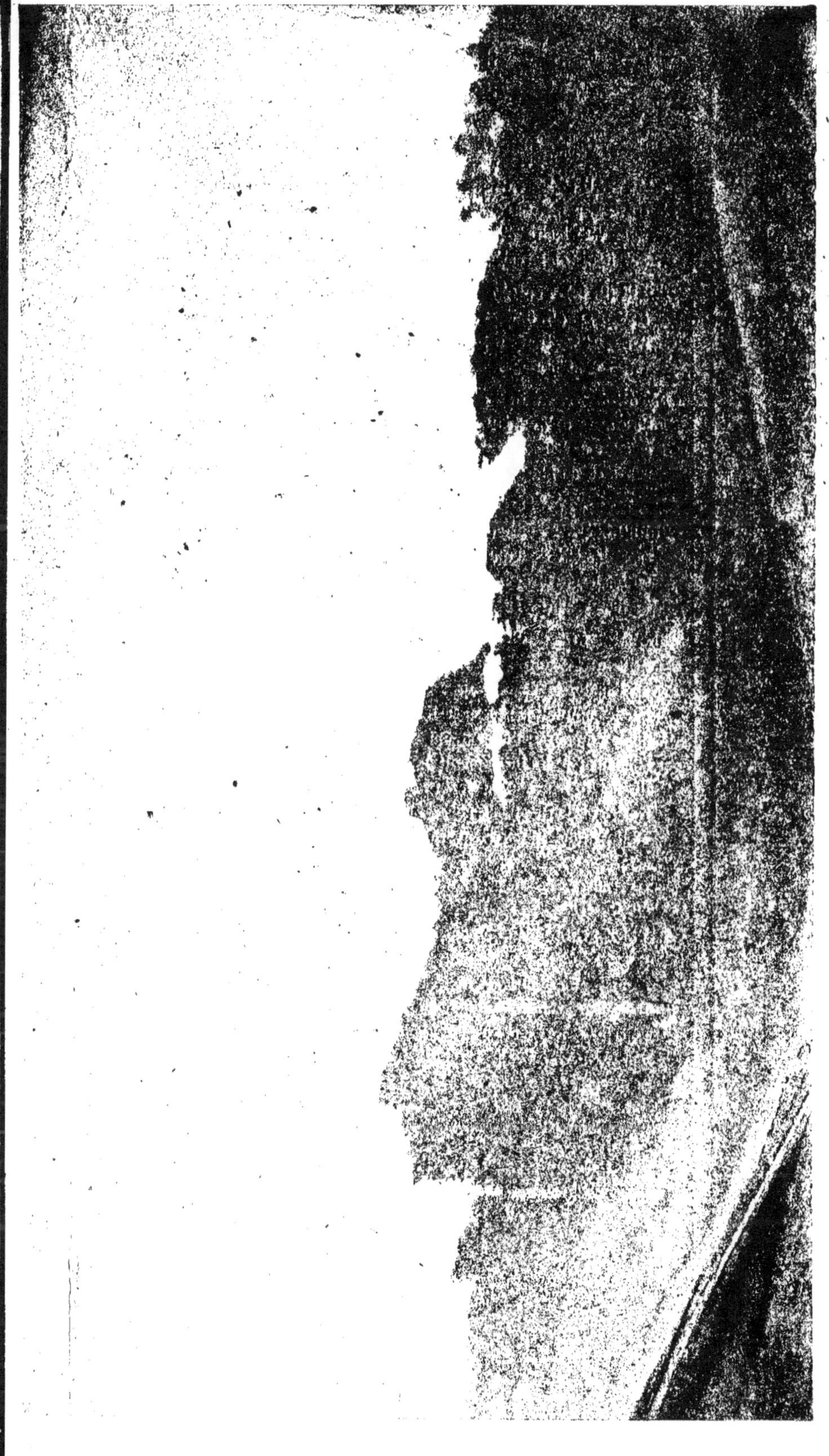